Ciência para não cientistas

como ser mais racional em um mundo cada vez mais irracional

Jorge Guerra Pires, Ph.D.

Vol. I: Bolsonarismo

Vol. I: Bolsonarismo

Este livro foi separado em volumes meramente por motivos de organização. Apesar de que é possível ler os volumes isoladamente, a obra deve ser vista como um todo. Boa leitura!

Série: Inteligência Artificial, Democracia, e pensamento crítico

"O sistema não teme o pobre que tem fome. Teme o pobre que sabe pensar." Pedro Demo

"A educação é a arma mais poderosa que você pode usar para mudar o mundo."

Nelson Mandela

Essa série foca nos termos *Democracia, Inteligência Artificial* e *Pensamento Crítico*. O pensamento crítico é crucial para que a pessoa exerça plenamente sua cidadania. De outro lado, as notícias falsas (*fake news*), a desinformação, ameaça cada vez mais as democracias. Em cada volume, vamos trazer esses assuntos de angulações diferentes. Os volumes podem ser lidos de forma independentes, contudo, a leitura completa traria uma visão mais rica.

Conheça a série completa!

Amazon

https://www.amazon.com/dp/B0CW17VCQL

Google Books

https://play.google.com/store/books/series?id=rqM0HAAAABCbvM

Falácias: Aprenda a identificar e rebater argumentações problemáticas, mas comumente usadas

Então, decidi focar em algumas falácias, e apresentar algumas ferramentas. Algumas peguei da Wikipédia, outras eu mesmo identifiquei ao falar com pessoas. Ou seja, decidi focar na capacidade de derrubar falácias, em vez de apresentar várias. Eu espero que ao ler o livro, vai conseguir com o tempo aprender a automaticamente achar eles, e não tomar decisões erradas baseadas nelas. Falácias levam a conclusões erradas, que levam a decisões equivocadas. O problema das falácias é que se repetem, o que faria o livro longo, sem necessidade. Elas geralmente sofrem da mesma falta de lógica.

Ciência para não cientistas: como ser mais racional em um mundo cada vez mais irracional (Vol. II: Religião)

As notícias falsas alimentam os religiosos, que elegem os governantes bolsonaristas, que espalham mais notícias falsas. Esse ciclo da extrema direita brasileira pode ser quebrado com razão, com o pensamento científico.

Nessa segunda parte, vamos abordar a religião. Vamos navegar nos componentes irracionais da religião. Como explicar o umbigo de Adão e Eva? Por que o criacionismo é ainda considerado como opção de ensino, como se fosse alternativa a Darwin? O que pensavam as grandes mentes com relação à religião?

Desinformação, infodemia, discurso de ódio, e fake news : Saiba o que são e como se informar online de forma saudável

Vamos explorar nessa obra como pensar sobre o assunto. No final, vou apresentar formas práticas de se defender dessas desinformações. Desinformação pode levar uma pessoa a tomar decisões erradas. Como se diz no mundo da ciência de dados: lixo que entra lixo que sai. Isso para chamar a atenção para dados ruins ou falsos na entrada dos modelos, não existe milagre.

Ciência para não cientistas: como ser mais racional em um mundo cada vez mais irracional, vol. 1 (Bolsonarismo)

Esse livro aborda três tópicos usando razão. Bolsonarismo, notícias falsas, e religião. As notícias falsas alimentam os religiosos, que elegem os governantes bolsonaristas, que espalham mais notícias falsas. Esse ciclo da extrema direita brasileira pode ser quebrado com razão, com o pensamento científico.

Inteligência Artificial e Democracia: Ensaios, pensamentos, e percepção no uso da inteligência artificial para manipulação em massa

Nesse ebook, vamos falar da interseção entre democracia e inteligência artificial. Uso o bolsonarismo como exemplo. Talvez o bolsonarismo seja o único representante no Brasil da extrema-direita que surgiu em vários países no mundo. Com tendência autoritária e flertando com o fascismo tradicional, esses movimentos exploram das redes como forma de levar suas mensagens, em forma de notícias falsas.

"Não tenho nada contra a sua religião, e menos ainda com seu posicionamento político.

Você é livre para acreditar no que quiser, desde papai noel até políticos honestos.

Contudo, não me venha esbravejando suas ideias distorcidas, perdendo a paciência quando me recurso a aceitar suas ideias sem pé nem cabeça.

O mundo não se importa com suas ideias, as leis da física foram aprovadas muito antes mesmo dos seus berros, e ela não se assusta. Seus berros somente existem porque existem as leis da física, sua voz somente alcança seus seguidores porque temos as leis da física.

Quando passa a multidão, eufórica, o terreno vira esterco, e nova vida surge. Sua religião não implica em impor nos demais seu Deus, seu posicionalmente político não implica em alinhamento de todos.

Não me venha dizer que é tudo relativo, que não. Nosso universo possui leis, que não são relativas.

Não me venha dizer que é tudo ponto de vista individual, que não. Fatos não dependem da sua opinião.

Proponho uma reflexão, proponho um espaço entre uma esbravejada, e sua opinião sobre algo. "

O choro da razão

©Jorge Guerra Pires, 2024

Direitos reservados e protegidos pela Lei nº 9.610, de 19/2/1998.

Nenhuma parte desta publicação pode ser reproduzida por qualquer meio sem prévia autorização de Jorge Guerra Pires.

Venda exclusiva de Jorge Guerra Pires, contato direto com o autor para possíveis usos e acordos.

Contato: jorgeguerrapires@yahoo.com.br

Para versão em audiolivro:
https://play.google.com/store/audiobooks/details?id=AQAAAEDCYh4izM

Correções e melhoramento contínuo

Última atualizações: 12/05/2024. v.22

Este texto passa por revisões periódicas de qualidade.

Sugestões de correções gramaticais e similares, enviar para: jorgeguerrapires@yahoo.com.br

obrigado!

Conteúdo

Formatos alternativos..16

Recursos externos...17

Questionamento de potenciais leitores.....................20

Prefácio...31

Introdução..42

Pensamento em forma de cebolas............................52

    Dissonância cognitiva...54

    Racionalização...59

    Conectando a cebola com o bolsonarismo..........63

Como os políticos usam a ciência para o próprio benefício: *como Bolsonaro QUASE me convenceu*............70

O que é tendência de confirmação e como se vacinar contra ela...93

O que são fontes?...104

Por que as *fake news* são tão eficientes?................126

O bolsonarismo e o terraplanismo não é a mesma coisa: um movimento é maximamente estúpido..............154

Houve irregularidades nas urnas em 2022?...........163

    Sugestão de discussões online...........................182

A curiosidade e o método científico: o que move a ciência são perguntas, não certezas..................................184

    Boa pesquisa não sabe onde vai chegar............184

A curiosidade e o método científico: *ciência não trabalha com verdades absolutas*...190

    Existe oxigênio na lua?......................................204

O método científico não é linear.................................205

Seria a corrupção realmente nosso problema? Ou seria o sintoma de uma doença social ainda mais grave?..........207

O que é uma "narrativa"? *Aprenda a interpretar narrativas, filtrar e argumentar*..221

Narrativa #1: questão colonial....................................226

....232

Narrativa #2: jeitinho brasileiro..................................232

Estariam todos prontos para a verdade?........................234

O que são evidências?...242

Pense em política como um cientista: aprenda a ser o mais racional possível...249

Bolsonarismo é primo próximo do movimento anticiência 271

Pontos em comum entres esses movimentos, e seus respectivos perigos sociais..279

Negação das vacinas..279

Pontos que divergem entre esses movimentos..........284

....284

As diferentes formas de pensar: *do pensamento religioso ao pensamento ideológico*..294

Pensamento religioso...315

Pensamento ideológico..323

Pensamento em grupo...327

Pensamento dogmático...328

Assuntos relacionados aos padrões de pensamento. 330

Alinhamento automático......................................330

Efeito Dunning–Kruger..................................331
Como me informar dado o mar de mentiras online? Como confiar em uma fonte?......................333
Algumas falhas comuns no pensamento........................336
Generalização prematura: quando temos uma agenda, e tendência de confirmação faz o resto..................338
....338
Visão caricaturada da realidade..........................346
Pensamento nos extremos....................................348
Pensamento emotivo vs. racional.........................351
Saber as suas suposições....................................354
Comparações erradas entre populações..................356
Racionalizar não é pensar: quando a mente cria falácias para justificar uma realidade..............361
Formas de pensar científicas: busque a racionalidade nas palavras..363
Pensamento estatístico......................................365
Como ser o mais racional possível em uma conversa irracional?..367
Sistema 1 e sistema 2: *pense rápido e devagar! E seja racional!*..369
Usando a teoria de Daniel Kahneman para entender o bolsonarismo: sistema 1 vs. sistema 2.................403
Os cabeças de vento: estamos ficando mais burros?.....411
Colocando Deus contra a Parede..............................415
Como mentir com estatística....................................427
Como mentir com estatística: Lula, o gastão..................431
Tem um dragão na minha garagem. Gostaria de ver?...435

O paradoxo do golfinho bonzinho..................................442
Sobre Jorge Guerra Pires..446

Formatos alternativos

Audiolivro (usando inteligência artificial):
https://play.google.com/store/audiobooks/details?id=AQAAAEDCYh4izM

Formato chatbot, usando chatGPT, em construção (em manutenção):
https://jorgeguerrapiresphd.wixsite.com/cientista-popular/chatebook

Recursos externos

Site oficial

https://jorgeguerrapiresphd.wixsite.com/cientista-popular

Pensamentos (*cortes do livro e mais*)

https://jorgeguerrapiresphd.wixsite.com/cientista-popular/pensador

Eu gosto de ouvir os leitores, adoro crítica.

Você consegue fazer perguntas e mais publicamente em

https://www.goodreads.com/book/show/144869430-ci-ncia-para-n-o-cientistas

Não hesite em enviar comentários para: jorgeguerrapires@yahoo.com.br

Blog: https://jorgeguerrapiresphd.wixsite.com/cientista-popular/updates

Podcast: https://www.cienciaparanaocientistas.jovempesquisador.com/podcast

Fale comigo no Twitter: https://twitter.com/JorgeGPires

Fale comigo no Koo: https://www.kooapp.com/profile/jorgeguerrapires

Fale comigo no Blue Sky: https://bsky.app/profile/jorgeguerrapires.bsky.social

Contato: jorgeguerrapires@yahoo.com.br

Imagens do Twitter (agora X)[1]

Durante a escrita do ebook, achei várias imagens no Twitter que são perfeitas para o ebook; são bem humoradas, perfeito para chamar a atenção. Muitas vezes, o humor pode ser uma arma mais eficiente do que mesmo o melhor especialista. Entrei em contato com os usuários, respeito os direitos do autor. Caso não tenha entrado em contato com você, favor enviar e-mail para mim, por favor! De qualquer forma, as imagens possuem links para os autores nas redes sociais, isso talvez seja o suficiente para fazer a referência autoral. O direito autoral é dos autores nas redes sociais, ou o autor que permitiu a postagem nas redes.

Sem intenção de infligir direitos autorais.

Contato: jorgeguerrapires@yahoo.com.br

---

[1] O X não está mais no Brasil, ou seja, quando disponibilizar o link, se estiver no Brasil, não vai conseguir acessar. Eu apoio a decisão da suprema corte de expulsar o X, como vamos ver nesse livro, uma fonte de desinformação e mentiras. O gabinete do ódio funcionava no X.
https://x.com/JorgeGPires/status/1829859272261583326

Questionamento de potenciais leitores

Grupo de WhatsApp (ex-colegas de sala, engenharia de produção)

Ponto levantado: Entendo que o cenário político atual do Brasil está muito polarizado e acabou criando mecanismos complexos para ambos os lados. Na minha humilde opinião, que é minha e não busca refletir a verdade universal, longe disso, é que **a imparcialidade sempre é necessária para gerar credibilidade**, e não pode ser diferente quando queremos abordar um tema tão importante, tenho amigos bolsonaristas e lulistas, de extremo, e **procuro sempre entender a visão de cada lado**, principalmente no contexto atual, afinal ***verdades são individuais***, pois a parcialidade leva a gente para analisar tudo sempre pela ótica da qual acreditamos.

"são sobre um olhar imparcial no quesito político?"

Inicialmente, não era para ser político, mas foram tantas estupidezes nesses dias no Twitter, que foi um mar de exemplos; mesmo os exemplos, achei por acidente, e depois pensei em incluir, nada proposital. Já vinha acompanhando, mas esses dias foi assustador, já havia ouvido histórias de manipulação durante todo o governo Bolsonaro. Alguns chamaram isso de "o gabinete do ódio", uma máquina, segundo alguns com dinheiro público, dentro do gabinete oficial do presidente, para espalhar notícias falsas; ver prefácio. Ver minha obra "Inteligência Artificial e Democracia".

Segui o caminho mais fácil, assumo a culpa. Não me preocupei em ser balanceado, não consigo achar exemplos similares na história no lado oposto[2], não nego que exista. Mais recentemente, conclui que o bolsonarismo é o único representante no Brasil da nova extrema-direita que surgiu no mundo todo: uma mistura de inteligência artificial com fascismo, algo que tenho chamado de *e-fascismo*.

Devo destacar que as novas edições do texto, que vieram posteriormente, inclui também o *pensamento religioso*, outra forma de irracionalidade. Não podemos deixar de estressar que o bolsonarismo é um movimento religioso. No novo volume (vol. II), eu dediquei um volume inteiro à religião. Com as baixas, incluindo os militares, o bolsonarismo agora ficou somente o núcleo: grupos evangélicos de origem principalmente, mas não único, (neo) pentecostal.

Além do mais, esse não é um texto acadêmico no sentido restrito, mas um texto para tentar criar o pensamento crítico nas pessoas, usando humor em muitos pontos, não é minha preocupação, como foi no doutoramento, ser balanceado; confesso, posso ter sido parcial, apesar de não ter sido o motivo principal. Nunca vi alguém defender um político dessa forma, como tem sido com o Bolsonaro; logo no início do governo Bolsonaro, humoristas eram atacados em público; jornalistas sofriam ameaças de morte por criticarem o Bolsonaro.

O que é curioso: Richard Dawkins no seu livro *Deus um delírio* relata algo parecido no islamismo. Ele se pergunta: alguém atacaria uma pessoa de forma violenta por fazer piada de um político? Sim Dawkins, no bolsonarismo não podemos fazer piadas dos políticos deles, isso os coloca

---
[2] Professor Villa também teve dificuldades de traçar um paralelo. "O que é o bolsonarismo?"
https://www.youtube.com/watch?v=LG9bSw7ledc

no nível do islamismo. Cristãos se ofenderam com a abertura da olimpíada de 2024, o único motivo que eles não mataram por que ofenderam sua religião foi que o cristianismo está enfraquecido, graças a Deus. Contudo, como Dawkins exemplifica. Seguidores do islamismo fizeram o mesmo escarcéu quando uma imagem sem qualquer correlação com o islamismo foi publicada, e eles pensaram, e atacaram, dizendo que era uma ofensa ao profeta profeta Maomé. A imagem era de outro contexto, similar ao caso da olimpíada de 2024.

> Em setembro anterior, o jornal dinamarquês *Jyllands-Posten* publicou doze caricaturas retratando o profeta Maomé. Nos três meses seguintes, a indignação foi cuidadosamente e sistematicamente fomentada em todo o mundo islâmico por um pequeno grupo de muçulmanos que viviam na Dinamarca, liderados por dois imãs que haviam recebido asilo lá. A fotografia não tinha absolutamente nenhuma conexão com o profeta Maomé, nenhuma conexão com o Islã e nenhuma conexão com a Dinamarca. Mas os ativistas muçulmanos, em sua caminhada provocadora para o Cairo, sugeriram todas essas conexões... com resultados previsíveis. Richard Dawkins, Deus um delírio.

No caso do cristianismo, foi a mesma cena. Alguns cristãos, incluindo Elon Musk, começaram a disparar mensagens no X. Isso fez os cristãos atacarem, ignorando a resposta oficial dos organizadores da olimpíada explicando o contexto da abertura[3].

Quanto mais estudo o bolsonarismo, mais estou convencido: o bolsonarismo é o cristianismo. É uma cópia

---

[3]Santa Ceia? O que realmente inspirou performance na abertura da Olimpíada.
https://www.bbc.com/portuguese/articles/cgervy94eq0o

importada dos Estados Unidos chamado de *nacionalismo cristão*. Esses movimentos visam submeter o estado a grupos cristãos fundamentalistas. Até mesmo a argumentação largamente usada no bolsonarismo é a mesma dos cristãos. Como exemplo, ao atacar o Lula e nunca aplicar a mesma régua ao bolsonarismo, eles fazem o que chamamos de *Petição Especial* (ver vol. III da nossa série).

Agora, com a saída dele, estudos apontam que a liberdade de expressão no Brasil voltou a subir[4], diferente do que eles querem vender para a população: de que defendem a liberdade de expressão, que são os porta-vozes da liberdade de expressão no Brasil.

---

[4]Brasil avança na liberdade de expressão. https://jorgeguerrapiresphd.wixstudio.io/eleicoesap/post/brasil-avan%C3%A7a-na-liberdade-de-express%C3%A3o

Sempre houve a "Dilmoca"[5], e piadas do Lula eram comuns, além das imitações. Ninguém até onde sei, agrediu humoristas, não de forma sistêmica; as manifestações nesse fim de governo quase sempre envolviam violência, como ataque de ônibus de crianças[6]. Eu não tinha a intenção de focar no Bolsonaro, mas, cai em tentação e alerto logo no prefácio. Achei um prato cheio para justificar a irracionalidade humana, coletivamente. Devo ressaltar que adicionei também discussões sobre religião, que acaba voltando ao bolsonarismo: o bolsonarismo é um movimento

---

[5] The Noite (17/11/16) - Entrevista com Presidente Tomer e Dilmoca Rousseff. https://www.youtube.com/watch?v=NDIbsE_8png
[6] Reinaldo: Preventiva já para bolsonaristas que atacaram estudantes. https://www.youtube.com/watch?v=qfaALu8tT3U

essencialmente religioso, especialmente agora com a saída dos militares por estarem sob processos, alguns foram até presos.

Um estudo recente mostrou que pessoas de direita no espectro político tendem a terem problemas de inteligência, tendem a serem religiosas, e tende a se alinharem com políticos autoritários[7].

Quando esse livro foi publicado, a primeira versão, nada se sabia do bolsonarismo. Parecia somente um grupo de pessoas nervosas, agressivas. Muitos nem apostavam que o movimento ia se consolidar. Poucos acreditavam que pessoas tão rasteiras seriam parte da política. Esse estudo confirma muito do que já suspeitávamos, e apontei na primeira edição desse livro. Bolsonaristas possuem um parafuso solto, ou dois. Não acredito que isso se aplicado aos políticos. Muitos são advogados. Acho que eles estrategicamente abaixam a inteligência, uma vez que bolsonaristas possuem dificuldades com a inteligência alheia. Somente note seus alvos, como o Paulo Freire.

Eu tenho essa suspeita: as pessoas não votam em políticos inteligentes por se uma ameaça a elas, como o sentido-aranha, alguns nem percebem o que estão fazendo.

Disse Mahatma Gandhi: "Eu me oponho à violência porque, quando parece fazer o bem, o bem é apenas temporário; o mal que ela faz é permanente." Isso nos lembra que violência pode produzir resultados a curto prazo, mas a longo prazo é fatal. A marca do bolsonarismo é a força bruta, seja nas falas, seja nos debates, seja nas políticas que eles propõem.

---

[7]Extrema direita é associada à baixa inteligência, aponta estudo. https://jorgeguerrapiresphd.wixstudio.io/eleicoesap/post/extrema-direita-%C3%A9-associada-a-baixa-intelig%C3%AAncia-aponta-estudo

Um exemplo fácil de ver: o caso Israel-Palestina, <u>os gráficos mostram mortes somente aumentando</u>, e os conflitos ficando cada vez mais letais. Israel apela para a violência para resolver o conflito, e os ataques estão ficando cada vez mais letais do lado de Israel.

Eu alerto no início:

"

Estima-se que os eleitores do Bolsonaro, os de raiz, que nada muda suas convicções gira em torno de 10% da população. Para esses, esse livro pode não ser saudável.

"

Muitos usam a argumentação de que existem extremistas do lado do Lula também. Sim existem. Contudo, no caso do bolsonarismo, o extremismo é a regra. Não existe bolsonarista moderado. Ver nosso livro sobre falácias, que são argumentações falsas (<u>ver vol. III</u> da nossa série). .

Vou oferecer reembolso aos eleitores do Bolsonaro que comprem por engano. Se comprou por engano: <u>jorguerrapires@yahoo.com.br</u>

Obs. tenho um outro projeto de livro, nesse talvez faria sentido considerar os dois lados, que não foi o foco deste livro; tenho dificuldades de comparar, seria como comparar "banana" com "maçã", como vejo. Um trabalho bem balanceado talvez seria um doutoramento, ou mestrado. Nesse momento, não tenho recursos para financiar esse tipo de projeto. Comparações fracas somente criaria mais tensões, penso. O bolsonarismo se alimenta disso. Ficam comparando coisas que não são comparáveis, com o objetivo de minimizar/normalizar as façanhas do Bolsonaro.

A primeira versão deste livro foi lançado em 2022, e ainda não consigo fazer a comparação. Estou cada vez mais convencido de que não tem como comparar. Agora, evidências e evidências apontam que uma comparação seria meramente o que os bolsonaristas fazem: relativização, racionalização. Vamos falar mais disse durante a obra. Como exemplo, ao sair os escândalos das joias, eles buscaram algo parecido que o Lula fez, em outro contexto, com outra lei vigente.

Quando Bolsonaro embolsou as joias, a lei era clara: bens acima de um certo valor são patrimônios da união, não pessoal. Bolsonaristas vivem dessas comparações feitas de forma amadora, e sem considerar contextos, detalhes. É tudo preto e branco para comparar. Os cristãos fazem o mesmo em embate com ateus. Como disse, estou cada vez mais convencido: bolsonarismo é o cristianismo mascarado como movimento político em um estado laico.

"pois a parcialidade leva a gente para analisar tudo sempre pela ótica da qual acreditamos." concordo, falo isso no meu primeiro livro sobre introdução à pesquisa científica, que tem uma pegada fácil, contudo, mais focado no mundo acadêmico. Gosto de corte do Atila

lamarino, onde mostra-se que as nossas ideologias contaminam nossas conclusões; falo disso em alguns pontos desta obra que está prestes a ler.

Eu tentei ser imparcial, apesar do tema complicado. Tentei usar esse cenário como exemplo do que chamo de *estupidez coletiva*, tema de outro livro. Tentei alertar que similares análises podem ser aplicadas a outros no futuro. Precisamos olhar para essa estupidez coletiva, e aprender. Ficar na bosta não elimina a possibilidade de sair e tomar banho, e seguir em frente, como forma de nunca admitir os erros. Sem querer ser rude: não escrevi para agradar ninguém, nem para fazer caprichos de bolsonaristas. Cada pessoa que lide com suas cegueiras, não estou aqui para ser gentil.

Desde que publiquei a primeira versão deste livro, estudos acadêmicos foram feitos. Como exemplo, um estudo da UFRJ mostrou que grupos evangélicos são as fontes das notícias falsas em geral. Ou mostrou que pessoas de direita no espectro político tendem a serem autoritárias, preconceituosas e ter baixa inteligência. Goste ou não do que vê, a ciência tenta ver a realidade como ela é, não como as pessoas gostariam dela ser. Outro estudo mostrou que o Brasil é um dos piores países para detectar fake news, a população não consegue separar um meme de uma notícia baseada em fatos, vamos explorar isso no vol. II.

Contudo, eu gosto de ouvir os leitores. Não sei tudo, e sofro de várias cegueiras, além da cegueira que tenho de nascença.

Reforço: nunca vi pessoas defenderem um político como esse. Tenho conversado com eleitores do Bolsonaro, tentado ficar neutro e aprender, mesmo pessoas estudadas, que é sempre um desafio. Parece que houve um apagamento da razão, por isso fiz o livro. isso me lembra um livro que li de Marvin Minsky chamado *Society of Mind*. No livro, o autor tenta entender porque trocamos compaixão por raiva, em certos cenários; parece-me o mesmo fenômeno. Por que ficamos irracionais, quando somos eleitores do Bolsonaro? Por que mesmo as pessoas mais geniais como eu definiria parecem ficar cegas? Como diz um amigo meu, que não é um intelectual: parece que vivem em uma realidade paralela. Como vamos explorar isso no vol. II., religião pode ser a explicação, e estou cada vez mais convencido de que é a explicação.

Eu gosto desta forma de pensar. Existe um limite para ser cético, muitos eleitores do Bolsonaro são "céticos estúpidos". Existe um limite para liberdades individuais, gosto do livro *"Loserthink: How Untrained Brains Are Ruining the World"* de Scott Adams, que reflete parcialmente nisso em cenário parecido nos Estados Unidos. Ver corte da palestra de Andrew Marantz sobre extremismo online, que parece se sobrepor ao real.

"verdades são individuais"

Isso depende da área que está estudando. Uma definição de filosofia que vi uma vez seria a busca das verdades internas. De forma oposta, a física busca verdades universais. No caso da política, essas "verdades individuais" seriam o que chamamos neste livro de *narrativas*, ou mesmo *opiniões*. Mesmo a política possui verdades universais, como campo científico. Sim, existe um campo chamado de ciências políticas, e eles seguem o método científico, seguem regras. Claro, não se valida uma verdade das ciências políticas como se valida uma verdade da física; ver meu livro para mais discussões "Introdução à pesquisa científica: Aprenda sobre a pesquisa científica, e como ela pode ser parte da sua carreira". Algo que me questionei em artigo: por que as pessoas pensam que sabem tudo de política, mas não de física? Parece-me um desprezo com a complexidade da política, mais complexa do que a física.

Prefácio

Este livro, inicialmente, era para ser mais focado em ciência, como usar a ciência no dia a dia: como ser mais racional, "mais cientista". Como o título diz "como ser mais racional em um mundo cada vez mais irracional". Nada obstante, enquanto escrevia, tivemos uma chuva de "burrices coletivas" depois das eleições: esse fenômeno tem sido chamado de "estupidez coletiva", de forma mais genérica e "sem dar nomes aos bois". Geralmente, eu fico longe, especialmente do Twitter: isso pode ser um sugador de tempo e concentração, uma máquina de passar tempo de forma ineficiente. Contudo, acabei vendo alguns.

Primeiramente, fui sugado pela incapacidade de entender a irracionalidade mostrado por essas pessoas, depois pela curiosidade que levou à inclusão neste livro de algumas dessas manifestações: esse intervalo entre a incapacidade de entender e a curiosidade foi de alguns dias. Não sei se o Twitter sempre foi assim, sou relativamente novo no pedaço; ainda mais novo em usar para me informar. O que achei: *uma loucura coletiva*[8]. Então, disse, poderia usar essa loucura coletiva para mostrar onde um pouco de razão talvez seria interessante.

---

[8] Achei curioso esse artigo, que confirma muito do que pensava. Uma delas: por que somente a corrupção do PT deixa o povo irritado, e Bolsonaro tem carta branca para roubar? CHRISTIAN DUNKER: CORRUPÇÃO DE JAIR BOLSONARO NÃO AFETA SUA VOTAÇÃO PORQUE NÃO CAUSA RESSENTIMENTO NO ELEITOR. https://theintercept.com/2022/10/23/entrevista-christian-dunker-a-corrupcao-de-bolsonaro-nao-afeta-sua-votacao/?fbclid=IwAR1xWXggmFkpM_B5VejwXvypmR-T0xp5h37xTVP751sUf7o-iVMb0O4F1p4

Muitas das manifestações, parece-me, poderiam ser desarmadas de forma simples, sem muito esforço cognitivo. Como exemplo, algo que não ficou claro se foi uma piada, mas gerou barulho: Paulo Freire como ministro da educação[9], "vamos para as ruas" diz a continuação do vídeo, "não podemos permitir o comunismo no Brasil"[10]. Paulo Freire foi atacado desde o início do governo Bolsonaro[11], e teve memoriais removidos em Brasília.

Primeiramente, Paulo Freire nunca foi comunista, até onde sei. Ainda mais fácil de checar, aparece em um *card* no Google, sem a necessidade de fazer buscas pesadas: ele está morto! Isso em si colocaria qualquer afirmação por chão, sem grandes manobras intelectuais; como o prêmio Nobel, ministérios não podem ser dados a pessoas mortas.

Paulo Freire[12], para quem não sabe, ganhou o título de padroeiro da educação, como reconhecimento a sua contribuição à educação, e apesar de Bolsonaro dizer "seu Paulo Freire" no debate, ele existiu antes do PT e de Lula. Ele morreu em 1997, Lula primeiramente subiu na cadeira em 2003: isso tornaria qualquer ataque sem sentido. Todas essas informações aparecem no Google, sem necessidade de ficar vasculhando livros, nem mesmo ficar clicando em sites. Paulo Freire já existia antes do Lula, e teve um papel importante na educação do Brasil. Para não

---

[9] Camilo Vannuchi: além de Paulo Freire, quem mais será ministro do Lula. https://bit.ly/3XqQyd6
[10] Postagem do X (Paulo Freire). https://bit.ly/4dWGfmA [esta é uma postagem do X, o X foi banido do Brasil].
[11] Por que a extrema direita elegeu Paulo Freire seu inimigo. https://bit.ly/4g54QY2
[12] Paulo Freire, 100 anos | Documentário. TV Cultura.
https://www.youtube.com/watch?v=tG_pVkhzr1c

mencionar: reconhecido internacionalmente. Seria como a Alemanha, e infelizmente o fez, expulsar Albert Einstein.

Felizmente, ele está morto, Paulo Freire, para o próprio bem dele!

Figura 1: Fonte: X, Galvão Bertazzi (@galvaobertazzi)

Vivemos momentos complicados com realidades paralelas, notícias falsas (*fake news*) e mais. É extremamente curioso a capacidade humana de se enganar, de ignorar evidências. Isso é ainda mais eminente na política, em assuntos religiosos. Isso fica ainda mais bizarro quando misturamos política com religião, que é o caso do bolsonarismo.

"É mais fácil enganar as pessoas do que convencê-las de que foram enganadas." Mark Twain

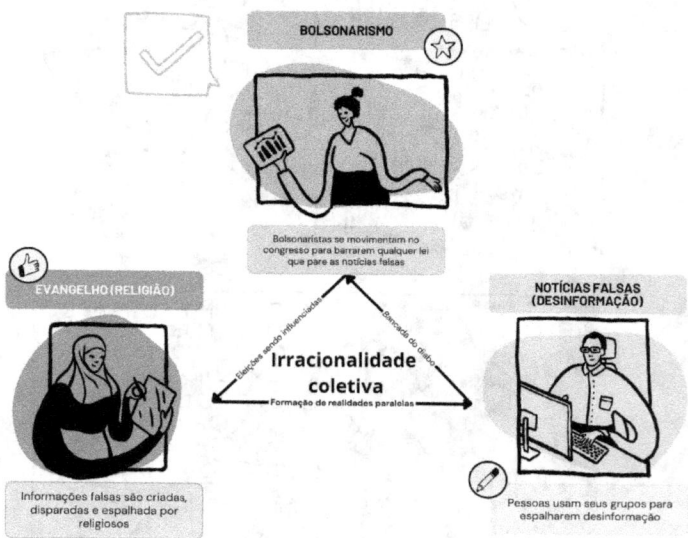

Figura 2: O tripé do ódio: religião, política e notícias

A mente humana parece muito susceptível a histórias mal contadas. Eu acredito que nenhum ser humano está preparado para mentiras sistêmicas e repetitivas. Dizia *"Uma mentira dita mil vezes torna-se verdade"*[13]. Essa célebre frase de Joseph Goebbels, ministro da propaganda na Alemanha Nazista.

---

[13] https://vestibular.brasilescola.uol.com.br/banco-de-redacoes/13716

Evidências, que vamos falar nessa obra, é algo recente na história da humanidade. Alguns atribuem a Isaac Newton[14] essa nova forma de pensar, baseado em evidências, experimentos. Newton pertencia a um grupo em Cambridge cujo objetivo era desafiar experimentalmente afirmações, como se uma aranha cruzaria um círculo de sal. Note: superstição rebatida por experimentos, isso era relativamente novo para a época. Isso há aproximadamente 400 anos, a humanidade tem muito mais tempo; somente a bíblia tem mais de 2.000 anos.

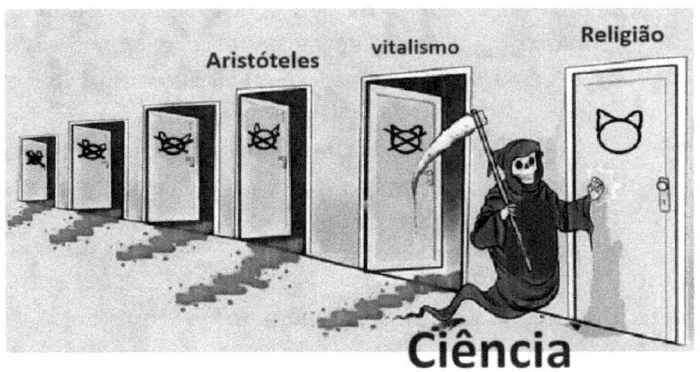

Mesmo os gregos, que são considerados os pais da razão, a idade da razão, ainda não usavam experimentos como temos hoje como padrão nas ciências. A medicina somente começou a usar experimentos no fim do século XIX, atualmente, temos um movimento que ainda não é consenso: medicina baseada em evidências. Galileo desafiou afirmações de Aristóteles, baseadas em afirmações sem verificação; isso levou a uma reação violenta da igreja, que na época detinha o monopólio da

---

[14] Sempre que tiver dúvidas, no Kindle, somente marque a palavra, que pode ser composta, e espere que automaticamente vai aparecer artigos na internet!

verdade, que colocava as narrativas do mundo. Vamos voltar nisso no vol. II da série.

Apesar da igreja ter pedido o poder do estado, no Brasil, as igrejas evangélicas com a bancada evangélica funcionam como punidores dos cientistas. As propostas do Bolsonaro para desmontar a ciência brasileira já era da bancada evangélica.

Diz a ministra Damares:

> "A igreja evangélica perdeu espaço na história. Nós perdemos o espaço na ciência quando nós deixamos a teoria da evolução entrar nas escolas, quando nós não questionamos. Quando nós não fomos ocupar a ciência. A igreja evangélica deixou a ciência para lá e 'vamos deixar a ciência sozinha, caminhando sozinha'. **E aí cientistas tomaram conta dessa área**", diz a ministra no vídeo.

Vamos lembrar que ciência não separa pessoas entre religião, sim usando artigos. Quando vai publicar um artigo, ninguém de pergunta sua religião, nem instituição. O processo de revisão de artigos é cego. Vamos voltar nisso no vol. II.

Esse livro pode ter ficado muito politizado, para quem odeia política, isso pode incomodar. Estima-se que os eleitores do Bolsonaro, os de raiz, que nada muda suas convicções gira em torno de 10% da população; estimativa mais recente apontam para em torno de 7%. Para esses, esse livro pode não ser saudável. Eu penso nos 30% que alguns estimam não serem "bolsonaristas raízes", onde razão pode ajudar a navegar melhor nesse mundo afogado em notícias falsas; quem sabe não ajuda alguns a perceberem o mar de mentiras que anda nos grupos bolsonaristas[15], e o perigo para o funcionamento da autonomia intelectual: algumas informações podem exigir mais trabalho, mas a maioria pode ser rebatida em segundos.

Eu ensino a chegar informações usando inteligência artificial em "*Desinformação, infodemia, discurso de ódio, e fake news: Saiba o que são e como se informar online de forma saudável*".

Para os eleitores do Lula, acima de 50%, talvez esse livro gere um orgasmo, mas não é esse o objetivo primário. O objetivo primário é tentar pensar em política de forma o mais racional possível. Adicionei também sobre religião, mas o bolsonarismo é, na verdade, um movimento evangélico, o que torna a discussão mesmo sobre religião algo sobre política. A teologia do domínio praticada por grupos evangélicos brasileiros não separam estado de religião, uma afronta ao estado laico.

---

[15]Bolsonaro mentiu mais de quatro vezes por dia durante governo. https://www.aosfatos.org/noticias/mentiras-bolsonaro/

E de forma geral, pensar na realidade de forma o mais racional possível. Como curiosidade, temas politizados podem afetar até cientistas treinados! Alguns mostraram que se um tema é politizado, criando ideologias, isso pode afetar a capacidade de interpretação mesmo de cientistas[16].

Notícias falsas não são específicas da política, nem dessas eleições, nem específico da internet. Como exemplo, notícias falsas rondavam no começo e durante a pandemia, muitas inofensivas, mas ainda falsas: o que ocorreram é que agora usam para mover a massa em direções de muitos, que geralmente ficam como anônimos, e financiados por empresas com interesses

---

[16]

https://youtube.com/clip/Ugkxeo28Rw5k4vsEqZ2jZsZyUwA2o1JYcgm9

próprios. Notícias falsas virou estratégia de governo, como foi cuidar dos pobres pelo PT. Cada candidato sempre levantou uma bandeira: o bolsonarismo são as notícias falsas.

O clã Bolsonaro criou o que alguns chamam "o gabinete do ódio", alvo de inquérito no STF[17], como exemplo[18]: no dia 28 de junho de 2020, o *bot Sentinel*, que identifica contas não autêntica, ou seja, robôs, identificou 366 tweets mencionando #GOBOLSONAROMUNDIAL no momento que entrei no Twitter, na tentativa de rebaixar a hashtag mais falada no momento (#StopBolsonaroMundial, movimento real que aconteceu em todo o mundo contra Bolsonaro). Sempre sobem a hashtag #LulaGenocida, uma forma de rebaixar a inúmeras acusações de Bolsonaro com relação a forma como ele gerenciou a pandemia: imunidade de rebanho. Temos também com o povo Ianomami: descaso como estratégia de governo.

---

[17] Bolsonaro é incluído no inquérito das fake news: os principais pontos da decisão de Moraes.
https://g1.globo.com/politica/noticia/2021/08/04/bolsonaro-e-incluido-no-inquerito-das-fake-news-os-principais-pontos-da-decisao-de-moraes.ghtml
[18] https://medium.com/eleitor-consciente-elei%C3%A7%C3%B5es-2022/ponto-final-a-guerra-de-bolsonaro-contra-a-democracia-cf0985d62a7f

Sempre que surgia alguma denúncia, surgiu esses tipos de *bots*. O que ocorreu, segundo Alexandre de Morais: criamos um novo tipo de notícia falsa, conectamos eventos sem qualquer correlação e vira verdade; houve casos de eventos que já ocorreram em outro contexto, no passado, colocado como recente.

Em um vídeo, a cantora do Abba, com subtítulo errado, diz que houve fraudes nas eleições, colocada como advogada especialista. Novamente, uma simples pesquisa no Google ia mostrar, a banda foi famosa e ainda é reconhecida. Recentemente, no congresso, ao chamarem o ministro Haddad, parlamentares usaram gráficos fora de contexto. Como disse o ministro: apesar de que vai ganhar a discussão nas redes, você perdeu a discussão aqui. Nas redes, a mentira sempre ganha.

Recentemente, chutei que iam espalhar novamente os gráficos, e espalharam.

Jorge Guerra Pires, PhD @JorgeGPires · 15h
Sabia que ia fazer isso, ia espalha somente os primeiros gráficos. Olhe o artigo, olhe a correção pela inflação, o último gráfico do artigo mostra que arrecadamos mais. "está no maior patamar desde julho de 2021....

Leia mais no texto original: (poder360.com.br/economia/rombo...)

Espero que curta a leitura!

Jorge Guerra Pires,

Ouro Preto, 2022

Introdução

O que é racionalidade? O que é irracionalidade?

Não vou entrar em discussões acadêmicas, e existem muitas. Alguns duas atrás entre em uma discussão no Facebook sobre esse livro, que pode ser encontrada aqui no Facebook.

> *"acho legal sua iniciativa, mas não sei se concordo com a premissa de que **o mundo está cada vez mais irracional** [vamos voltar nisso no final do vol. II]. Menos iluminista talvez, mas aí tem que considerar o iluminismo como o ápice de humanidade, aí isso eu acho questionável"* comentário de Facebook sobre o livro.

Espero que ao ler esse livro, e os próximos volumes, vai ver que eu respondo isso.

Daniel Kahneman, psicólogo nobel em economia, trouxe novas formas de ver a racionalidade, e como consequência, a irracionalidade, e vamos mencionar essa forma em vários pontos do texto.

Para nossas discussões, considere racionalidade como a capacidade de argumentar de forma que outras pessoas possam replicar seu pensamento, especialmente, pessoas que pensam de forma diferente, pessoas que não concordam com você. Se sua argumentação evolve suposições que não pode ser independentemente verificadas, isso é uma forma de irracionalidade.

Se digo que Deus existe porque a Bíblia diz, sendo a Bíblia a única fonte, isso é argumentação circular, como vamos ver. Isso se chama *Petição Especial* (ver vol. III). A Bíblia é a afirmação. Ela não é nem evidência, nem é argumentação. Vamos usar o exemplo do homem-aranha do vol. II.

> Isso não é evidência de nada, é a afirmação que precisa de evidências.

Suponha que diga para você que quanto maior o peso do objeto, maior a dificuldade de movê-lo: isso o tirando da inércia, contudo, essa mesma lei vale para tirar um objeto do movimento uniforme. Se um objeto move em velocidade constante, ou se um objeto está parado, a dificuldade é a mesma[19]. Isso é as leis de Newton.

Você pode verificar isso a qualquer momento. Tente empurrar um carro pequeno. Agora tente empurrar um caminhão. Note o tamanho do motor dos caminhões. Agora note o tamanho do motor de um carro, ou moto. Poderia colocar um motor de moto em uma carreta? Não! Isso ocorre porque a força necessário para mover uma carreta é maior do que da moto. E não importa o quão você fique irritado, a natureza não dá a mínima para sua opinião. A lei da gravidade foi aprovada, sem a sua opinião, e não vai mudar. Não adianta pedir uma lei auditável da gravidade.

Outro exemplo seria a questão do aborto. Vamos voltar nisso no vol. II, com mais detalhes.

---

[19] $F=m*a$. Ou seja, o que conta é a variação de velocidade, não se o objeto estava parado.

A maior parte, para não dizer todas, pessoas que conversei que são contra o aborto são pessoas religiosas. Elas usam a "argumentação" de estarem protegendo a vida.

Esses mesmos grupos apoiam, e votaram em um presidente, que não somente passou trinta anos liberando armas, como também fala em matar bandido sem misericórdia. "Bandido bom é bandido morte".

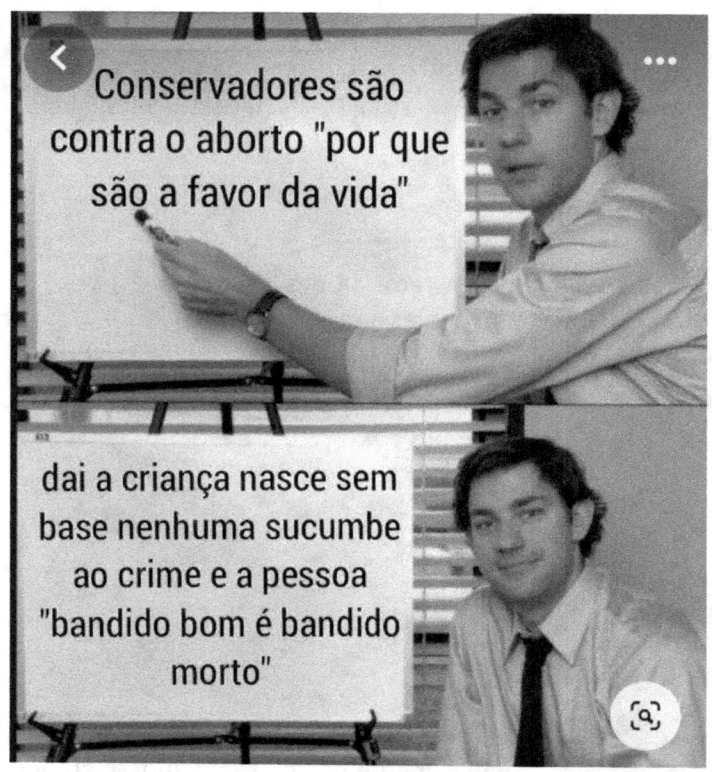

Todos possuem direitos, mesmo os bandidos. Pastores espalham online discursos inflamados, que pregam a violência contra outras pessoas, pessoas que não seguem a forma deles de ver o mundo. Um pastor rezou para quebrarem as pernas do Lula[20]. Ou seja, claramente, se pegar os discursos religiosos contra o aborto, isso somente para em pé entre religiosos. Outro ponto, fetos podem ser usados em estudos que podem salvar vidas. Você pode pedir o pastor para rezar na frente do

---

[20]Pastor que atacou Lula se diz arrependido de ser bolsonarista: 'Vergonha'... - Veja mais em https://noticias.uol.com.br/politica/ultimas-noticias/2024/03/02/pastor-que-atacou-lula-se-diz-arrependido-de-ser-bolsonarista-vergonha.htm?cmpid=copiaecola

caminhão, para o motor da moto funcionar, não vai. Você pode pedir o pastor para rezar para o caminhão frear, sugiro sair da frente. A lei de Newton não tem religião, e passa por cima até mesmo de pastores.

Curiosidade, estudos científicos foram feitos. E não acharam nada, de que rezar funciona, e continuam tentando achar algo, que nunca existiu e vai existir.

A eficácia da oração tem sido estudada desde 1872[21], mas os resultados são inconclusivos (forma educada de dizer, não funciona). Estudos controlados, como o projeto STEP de 2006, *não encontraram diferenças significativas na recuperação de pacientes submetidos a cirurgias cardíacas*, independentemente de terem recebido orações. Isso quer dizer: *placebo*. Colocado em termos simples: não funciona. Embora alguns estudos sugiram benefícios psicológicos, como redução do estresse, a maioria não comprova efeitos físicos mensuráveis. A pesquisa sobre oração é limitada, com cerca de 5 milhões de dólares gastos anualmente, e enfrenta críticas por falta de plausibilidade biológica e problemas metodológicos. A comunidade científica permanece cética quanto à eficácia da oração como intervenção médica. Colocado em miúdos, perda de tempo, não funciona mesmo. Similar a provar que a terra é plana, e pessoas estão gastando dinheiro e tempo para provar que a terra é plana. Com uma foto eu derrubo o trabalho deles.

---

[21]Wikipedia contributors. (2024, August 12). Efficacy of prayer. In Wikipedia, The Free Encyclopedia. Retrieved 14:48, September 1, 2024, from
https://en.wikipedia.org/w/index.php?title=Efficacy_of_prayer&oldid=1239962941

Espero que curtam a leitura! Minha sugestão é pratique. Pratique aos poucos. Se for praticar online, os bolsonaristas são 10x mais tóxicos do que presencialmente. Se for praticar com religiosos, eles podem ser violentos, nem todos claro. Não leve para o lado pessoal. Lembre-se, a maior parte das pessoas nunca desafiam suas crenças, e você pode está obrigando a pessoa a acordar. Quando tenta ajudar um animal selvagem, você precisa sedar ele, ou ficar longe. Seja paciente!

Fonte: @LaerteCoutinho1 no X

Gostaria fechar essa introdução compartilhando uma forma comum de tentar ganhar argumentação, muito comum entre religiosos. Eles vão te acusar de irracional, quando não conseguem te convencer, entre outras coisas. Não existe nenhuma forma de encontrar irracionalidade nas pessoas. Uma forma que alguns vão te acusar de ser irracional é quando perde a paciência. A ideia de ateísmo ser uma forma de religião e irracional, dogmática, é espalhada por religiosos tentando desqualificar o fato de que ateus não aceitam Deus, não na forma como os cristãos estão dispostos a aceitaram. A pessoa vai te acusar de ser emotivo. Mesmo que o seja, isso não prova irracionalidade. Frieza não prova racionalidade.

Se conversar com uma pessoa sobre como investir, ela vai te dizer: compre na baixa, e venda na alta. Perfeito, isso é realmente um bom conselho. Contudo, ninguém sabe como achar a baixa e a alta. Esse conselho, por mais correto que esteja, ele não é passível de ser usado. Sim, pessoas irracionais possuem argumentos irracionais, mas não existe uma forma segura de ver uma argumentação irracional.

A forma mais eficiente que achei é conversar com a pessoa por um período longo. Como exemplo, a maior parte das pessoas não conseguem nem lembrar o que elas defenderam ontem, energeticamente. Colocam toda uma energia em algo, e nem conseguem mais lembrar no dia seguinte. Isso é sinal de uma pessoa que não pensa, ou seja, pensar não é a rotina dela. As ideias que defendem é meramente uma réplica do que ouve, do que lê em grupos de WhatsApp, ou meramente argumentações criadas no momento para vencer a argumentação. Ou seja, as argumentações são meramente para ganhar.

Como exemplo, religiosos acusam ateus de sofrerem lavagem cerebral, por isso não acreditam em Deus. Ou acusam os ateus de dogmatismo, de rigidez. O argumento da ignorância é largamente usando, vamos voltar nisso no vol. II.

Como disse a reflexão: a inteligência tem seus limites, a estupidez não. Outro:

"Você não pode convencer um crente de nada; pois sua crença não é baseada em evidências, mas sim em uma necessidade profunda de acreditar." (Carl Sagan).

Pensamento em forma de cebolas

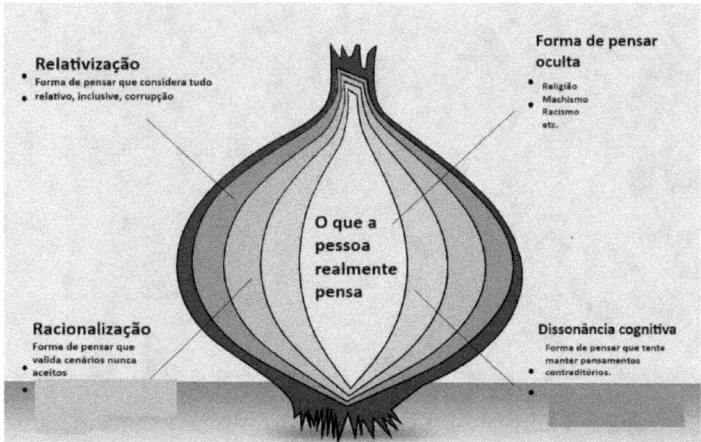

Essa forma de pensar é bem predominante entre bolsonaristas; também muito forte entre religiosos. Talvez seja por isso que o bolsonarismo possui forte presença religiosa.

Como exemplo, suponha que uma pessoa quer aprovar uma lei que proíbe o casamento entre pessoas do mesmo sexo. Ela vai dizer: é para proteger as crianças. As crianças precisam de valores, de referência. Então você pergunta. E se o casal for disfuncional, o marido agride a mulher. Isso é bastante comum. Conheço inúmeras histórias de religiosos que empurram a mulher em casamentos disfuncionais devido a questões religiosas. Já falei isso com religiosos e dizem que isso raramente ocorre, quando admitem. Somente olhem os números, vamos lembrar que muitos pastores instruem as mulheres a não fazerem nada, o que pode diminuir as denúncias públicas.

Conheço uma amiga que engravidou cedo, suportou um casamento abusivo, tudo por questões religiosas. A mãe era muito religiosa. Não são casos especiais, eu conheço, e leio direto reportagens falando disso, ouço casos e mais: mulheres que aceitam casamentos abusivos por questões religiosas[22].

A pergunta que faria seria se agredir a mulher seria um valor a se manter.

Não podemos esquecer que a Bíblia claramente coloca a mulher como objeto, em passagens como:

> A mulher aprenda em silêncio, com toda a submissão. E não permito que a mulher ensine, nem exerça autoridade de homem; esteja, porém, em silêncio. (1 Timóteo 2:11-15)

Outra passagem:

> "Se um homem encontrar uma virgem que não está prometida em casamento e a estuprar e eles forem descobertos, **ele pagará ao pai da moça cinquenta peças de prata** e terá que casar-se com a moça, pois a violentou. Jamais poderá divorciar-se dela." (Deuteronômio 22:28-29)

Isso coloca preço no estupro, e condições onde é aceitável. Similar a quando arranca a etiqueta de uma blusa: tem que pagar. Ou quando quebra algo: quebrou paga. Essas regras ainda valem em alguns países. Países onde a hijab, lenço preto que cobre o rosto da mulher por completo, é obrigatório, a mulher pode ser estuprada, sem consequências para o homem, se ela não estiver usando a hijab. Mesmo uma mulher que esteja sozinha,

---

[22] Abuso religioso e violência contra a mulher: Um grito silenciado - Diversidade. https://bit.ly/4g1nK29

sem a presença de um homem, pode ser estuprada como regra.

Caso queira testar isso em um caso real, é importante não julgar a pessoa, caso ela sinta julgamento, a cebola vai ganhar mais camada. Para descascar uma cebola, precisa ir com calma. Chorar ajuda!

Algumas ferramentas que são usadas para criar camadas. Note que os mecanismos são tantos que seria necessário um livro somente sobre mecanismo para camuflar pensamentos.

Dissonância cognitiva

A dissonância ocorre quando existe uma incoerência entre as atitudes ou comportamentos que acredita serem certos e o que realmente é praticado.
<u>Wikipédia</u>

A dissonância cognitiva foi muito estudada entre políticos. Também, foi bastante documentada entre profetas e seguidores. Vamos falar de profecias logo pela frente, e seus problemas; vamos voltar nas profecias no vol. II.

Dissonância cognitiva foi, na verdade, descoberta entre profetas e seguidores. Políticos usam para manter sua mente limpa. Muitos se perguntam como políticos dormem a noite: dissonância cognitiva. A dissonância cognitiva é um mecanismo forte.

Basicamente, a dissonância cognitiva é qualquer mecanismo, que aparece como comportamento, que possui como objetivo nos fazer sentir bens, mantendo nossa visão de mundo. Isso geralmente vem com pensamentos.

Um exemplo que ocorreu comigo, estava tentando convencer um rapaz que a Bíblia não fala de 10% ao pastor. Não faz sentido a Bíblia dizer 10%, ele até me deu o verso que nunca achei na Bíblia, que ele acredita existir dizendo 10%.

Então o disse: *por que não doa à escola?*

Ele disse: *tem muita gente egoísta por aí.*

Ele convenientemente esqueceu os casos dos pastores tanto de corrupção quanto casos evidentes de egoísmo.

Na escola onde mencionei, os professores são mal pagos a ponto de pedirem carona para voltar para casa todos os dias, isso para mim é o oposto de egoísmo, isso me faz ter esperança na humanidade. Banheiros e salas sem portas. No final, ele disse: prefiro obedecer. Esse é um exemplo claro de dissonância. Esse é um exemplo do argumento da cebola. Ele começou tentando justificar porque pagava dízimo. Quando mostrei para ele que a Bíblia não diz 10% uma vez que porcentagem é um conceito moderno, ele foi criando novas argumentações, contudo, ficando evidente o que estava por trás: religião, fé cega. Ele citou João 20:29, e vamos voltar nisso no vol. II.

Em alguns casos, esse comportamento pode ser até positivo, mas em muitos, ele é destrutivo e joga a pessoa em uma espiral de autodestruição. Quando um bolsonarista justifica corrupção, isso geralmente é feito para continuar apoiando o Bolsonaro, mesmo sendo um defensor voraz da não-corrupção. Agora com a condenação do Trump, vai ser um show de dissonância cognitiva[23]. Os eleitores vão continuar votando nele, mesmo ele sendo um criminoso condenado pela justiça americana.

Um amigo que trabalha em mineradoras, e se declara ambientalista um dia disse para mim em uma conversa: eles vão fazer algo com o minério debaixo da terra? Ele se referia a pessoas contra a mineração. O problema da mineração, e acho que ele sabe por se estudado, são os

---

[23]What's Worse Than Lying to Others? Lying to Yourself. https://www.brandeis.edu/magazine/2018/winter/perspective.html

rejeitos, a destruição que deixa para trás. Não existem formas de tirar minério sem deixar destruição para trás.

Um exemplo de dissonância seria. Suponha que seja contra a corrupção. Você berra aos cantos: "não voto em ladrão".

Então, você descobre que seu político roubou joias. Então começa a espalhar que eram joias baratas, eram bijuterias: o valor não passa de 500 reais, espalham pessoas nas redes ridicularizando quem ficou indignado com o desviu de joias[24]. Então, novas evidências surgem que os valores passavam de milhões. Então você vai lá, acha uma notícias falsa, e diz que Lula levou também, e não devolveu. Diz que ele levou contêineres de pertences do governo e nunca devolveu. Tudo isso ocorreu.

---

[24]De onde vieram, por onde passaram e onde estão joias do Brasil que PF apura se Bolsonaro desviou.
https://www.aosfatos.org/noticias/investigacao-policia-federal-joias-bolsonaro/

O caminho mais lógico seria admitir que apoiou um candidato que não é honesto. Contudo, a dissonância se junta com outras fraquezas humanas. Uma delas é uma tendência a não aceitamos perdas.

"É mais fácil enganar as pessoas do que convencê-las de que foram enganadas." Mark Twain

---

Quando investimos em algo, como apoiar um político, continuamos errando para nunca ter de encarar o erro, e sofrer os julgamentos sociais, o custo sobre a nossa imagem pública. Minha experiência mostra que aceitar os erros dói menos do que permanecer insistindo, mas a irracionalidade ativa e a pessoa insiste no erro, prologando a dor. Isso se chama *pirâmide do erro*. Isso explica como exemplo porque pessoas tomam certas decisões irracionais. Eles estão tentando recuperar o perdido, ou nunca aceitar em público o erro.

Alguns aconselham de nunca assumir em público ideias ainda incipiente. Isso ajuda a evitar essa armadilha, que leva à pirâmide do erro.

Racionalização

Essa é uma forma de dissonância cognitiva, a mais comum, diria. Eu demorei a aprender essa, mas esse exemplo me ajudou[25].

Suponha que uma pessoa diz que não sai com mulheres que transam no primeiro encontro. Segundo a pessoa, isso não é seguro, seria arriscado. Okay. Parece-me uma argumentação correta; vamos voltar em argumentações no vol. II falando de falácias.

Eu poderia supor machismo, mas não seria justo. Atacar as pessoas por machismo, e eu já fui atacado, sem considerar as nuances, seria problemático.

---

[25] How to spot a rationalization.
https://www.youtube.com/watch?v=tfp34-ruvGE&t=52s

Você poderia questionar a pessoa: *você sairia com uma pessoa que sai a noite sozinha?*

Se a pessoa responder sim. Sim, é machismo. Sair a noite sozinha, para mulheres, é tão perigoso, ou mesmo mais, do que transar no primeiro encontro. Sabemos que homens são elogiados quando transam no primeiro encontro, mulheres são ridicularizadas.

Parece-me que uma vez que começa a treinar, fica fácil ver esses mecanismos no futuro. Como mentir, que fica normal quando uma pessoa mentir de forma compulsória, racionalização pode ser viciante, e a pessoa passar a fazer de forma automática, e ficar cada vez melhor. O truque é sempre achar um motivo válido socialmente para algo que gostaria de fazer, mas não é aceito socialmente. Isso preserva sua imagem, e sua ação. Ganha-ganha, pelo menos na superfície. As pessoas percebem racionalização, como percebem um perfume barato. Muitos não falam para evitarem de arrumarem confusão. Com exceção de pessoas problemáticas, pessoas em geral evitam conflitos.

Um segundo exemplo, esse de natureza pessoal.

Eu decidi pesquisar todos os candidatos a prefeito da minha região, notei que todos ou tinham problemas com a justiça ou já foram condenados mais de uma vez. Isso me deixou desanimado, mais do mesmo. Mas, apareceu um.

De forma entusiasmada, compartilhei com meu amigo um artigo da Wikipédia que havia criado dele, depois de pesquisado no Google: não achei nada nele. Muito empolgado, disse ao meu amigo no WhatsApp: um homem limpo. Ele disse: mas não vai ganhar; ele costumava nem responder minhas mensagens, ficou claro que essa acertou ele, de alguma forma. O candidato que ele publicamente apoia pode ser casado, inclusive, depois ser for eleito. Ele busca reeleição. Estamos constantemente falando de corrupção, mas ficamos cegos quando alguém aparece. A pessoa pode dizer, internamente: não achou nada, não quer dizer que não exista. Esse mesmo truque foi usado para tentar provar fraudes nas urnas. Esse mesmo truque é usando na religião: o fato da ciência não conseguir provar Deus, não significa que não exista. Isso seria a *argumentação da ignorância* (vamos voltar nisso no vol. II).

"Não se pode provar um negativo!"[26] Isso ocorre porque é impossível encontrar evidências positivas para algo que não existe. Para encontrar evidências, deve haver algo lá para ser encontrado. A ideia de que "não se pode provar um negativo" é uma regra geral, que se mantém na maioria dos casos.

Nesse caso, provar a corrupção de um candidato limpo seria um negativo. Se fosse usar essa regra, deveria valer para todos candidatos. No caso do bolsonarismo, essa regra somente vale para o lado oposto, o "Lula Ladrão", mas não para o lado deles "cidadãos de bens"; metade da bancada do PL sob investigação[27].

O candidato limpo é negro.

Sabemos das nossas dificuldades em admitir racismo. Então, a racionalização aparece: ele não vai ganhar. Não posso dizer com certeza se o caso do meu amigo era racismo, mas com certeza o motivo que ele me deu para rejeitar o candidato não é o correto. Talvez nem ele mesmo tenha consciência. Uma vez que nos habituamos

---

[26] https://bit.ly/3Z4DPOt
[27] Quase a metade da bancada do PL na Câmara é alvo de investigações. http://glo.bo/4dXQJSy

com racionalização, passamos a mentir para nós mesmo. Talvez, o candidato que ele apoio ofereceu algum ganho pessoal, alguma promessa mais forte. Eu mesmo tive ganhos oferecidos por um dos candidatos com nome sujo: quando falei da minha pesquisa local, ele disse "deixe eu ganhar e vamos fazer isso", note a frase comum deles: "deixe eu ganhar", esse frase foi repetida também pelos outros candidatos que queriam meu apoio público. Isso implica um ganho direto, condicionado à eleição.

O perigo da racionalização é esse: chegamos ao ponto de mentirmos para nós mesmo, repetidamente, sem perceber. Isso se torna um hábito, que se torna normal.

"Não confunda o que é natural com o que é habitual" (Gandhi)

"mentir pra si mesmo é sempre a pior mentira" Legião Urbana

Conectando a cebola com o bolsonarismo

Vamos conectar o que discutimos com uma das formas de irracionalidades que tenho estudado: o bolsonarismo.

O bolsonarismo se declara um movimento cristão, temente a Deus e em defesa dos bons costumes.

Seria o bolsonarismo realmente um movimento religioso? Seria justo colocar todo religioso, todo cristão, na mesma régua do bolsonarismo? *O que diz Kant?*

Immanuel Kant era filho de pastor, além de ter deixado um legado único na filosofia.

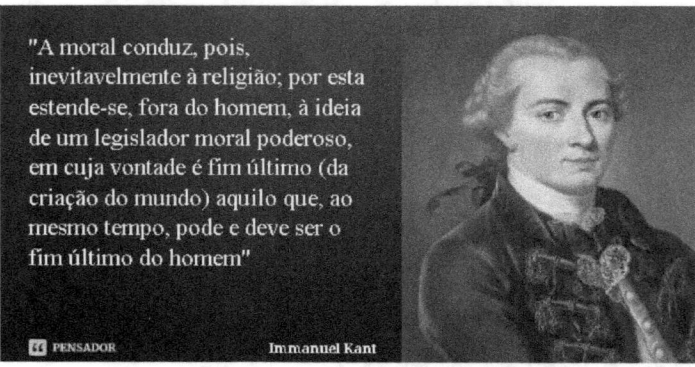

Assim como Kant e David Hume discutiram a relação entre moralidade e religião, o Bolsonarismo também tem uma forte componente religiosa, com muitos de seus apoiadores identificando-se como conservadores religiosos. O bolsonarismo monopolizou a discussão da moral no Brasil, desde banheiros unissex a casamento; e mais recentemente, a Madonna[28].

---

[28] https://www.youtube.com/watch?v=T8v0jVxwncI&t=2s

No entanto, ao contrário de Kant, que via a moralidade como inerentemente ligada à religião, o Bolsonarismo muitas vezes usa a religião para justificar suas posições políticas e morais; ou seja, é o oposto do que parece em um olhar superficial, a religião foi instrumentalizada para eleger e manter políticos no poder, em nome de Jesus.

Ou seja, se formos usar a analogia da cebola, se descascar o discurso religioso do bolsonarismo, vai encontrar ideias como machismo, nazismo e mais. Parte disso é possível devido ao fato de que quando a Bíblia foi escrita, os conceitos modernos como misoginia e racismo, não existiam. Até algumas décadas atrás, mulheres ainda eram impedidas de jogar futebol, ou praticar certos esportes. A

escrivão somente foi oficialmente rejeitada recentemente.

Caso uma pessoa interprete a Bíblia literalmente, e já vi no podcast *The Atheist Experience*, ao vivo, a pessoa consegue justifica a escravidão uma vez que a Bíblia valida a escravidão desde que siga algumas regras que a Bíblia coloca.

Existem pesquisas que mostra isso nos tempos modernos, e os riscos para nossa sociedade: 30% dos protestantes afirmam que a Bíblia é literalmente verdadeira, em comparação com 15% dos católicos[29]. Mesmo em um estado laico: 33% dos brasileiros afirmam ser 'positivo' governo de leis religiosa [30]. Antes de Bolsonaro, uma pesquisa havia mostrado, se não me falha a memória o número exato, que somente 1% da população brasileira sabia que vivia em uma democracia. Como defender algo que as pessoas não sabem o que é e sua importância? Recentemente, tivemos o caso do Elon Musk. Pessoas, alinhadas em geral ao bolsonarismo, defendem o bilionário. Eles esquecem que Alexandre de Moraes é brasileiro, o gringo não. O bolsonarismo separa as pessoas, religião faz o mesmo. Na mente de um bolsonarista, somente quem pensa como ele pensa é brasileiro, que é o caso do bilionário que viu uma oportunidade. Ele ataca que defende as mesmas pessoas que os bolsonaristas fazem, que são uma cópia malfeita do trumpismo.

---

[29] Fewer in U.S. Now See Bible as Literal Word of God. https://bit.ly/4e7F8QR
[30] 33% dos brasileiros afirmam ser 'positivo' governo de leis religiosas. https://bit.ly/4g5FzNp

Em um caso que vou citar no final do livro, eu conversei com uma pessoa que negava a confiabilidade das urnas, discurso típico dos bolsonaristas. A pessoa usou uma citação de Mussolini, depois de muitas interações, depois que descasquei a cebola. Foi quando deixei a discussão. Mussolini é o pai do fascismo. Clique na imagem para ver a discussão ao vivo. A discussão já havia morrido, como poder você mesmo ver. Ficou circular, achei o centro da cebola.

Everton Well
@EvertonWell4

Não , é somente o pais ser realmente democrático . não esta ditadura maquiada .
E nunca transformar o estado em um DEUS .

Translate post

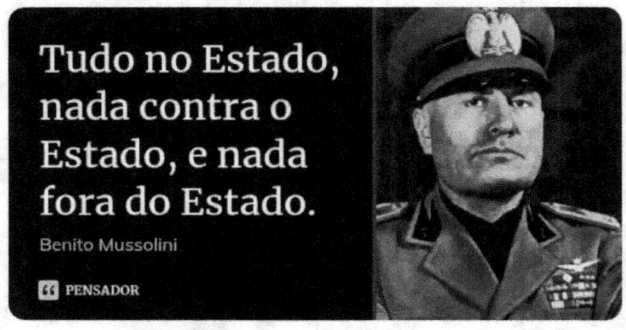

7:25 PM · May 12, 2024 · **14** Views

Como os políticos usam a ciência para o próprio benefício: *como Bolsonaro QUASE me convenceu*[31]

> "Eles [eleitores e apoiadores do Bolsonaro] distorceram a ideia de voto impresso",
>
> diz Diego Aranha[32]

Recentemente, enquanto assistia ao Jornal da Cultura, notei um padrão mental meu que já havia notado várias vezes, nesse mesmo cenário: um político fala, depois um pesquisador, e os dois me convencem. Vamos falar disso na parte de sistema 1 e sistema 2: isso seria muito provavelmente esses sistemas em ação. O sistema 1 é reativo, automático; o sistema 2 é pensador, proativo, pensa antes de agir. Esses dois sistemas podem ter evoluído para criar respostas rápidas, e salvar energia do sistema 2, que demanda mais tempo e energia mental para chegar a respostas.

Para efeito de discussão, considere o seguinte cenário:

Problema: precisamos manter a pandemia sob controle;

Solução apresentada por especialistas: passaporte de vacina;

---

[31] Originalmente publicado em: https://bit.ly/479wJtM
[32] Estudioso do assunto, que propôs voto impresso como forma de melhorar o sistema, não de substituir. A ideia seria aumentar as chances de comprovar a segurança, em caso de contestar, dos pleitos. Contudo, o pessoal do Bolsonaro vem sistematicamente usando o pesquisador, que replicou não estar de acordo com o uso do estudo. Ou seja, uso manipulador da pesquisa, para fins de manipulação eleitoral.

Solução apresentada por um político: somente o teste PCR;

Argumentação do político: a vacina não protege contra a transmissão.

Estaria o político correto???

Pare para pensar!

Infelizmente, por mais que odeie o político, ele está certo!

Grande parte das vacinas não protegem contra a transmissão, tive uma discussão online sobre o assunto no meu canal do YouTube sobre biomatemática[33]. Segundo Viola Priesemann, o caso do Chile seria um exemplo: as vacinas usadas não protegem contra a transmissão.

O problema das verdades pontuais é que elas não levam em consideração outras soluções, e não faz um balanço das vantagens e desvantagens: seria como chupar balas sem considerar estragar os dentes, ou mesmo diabetes.

Essa forma de pensar, além de ser fácil, ela não considera como exemplo a complexidade do problema. Para pessoas sem qualquer treinamento, isso se torna verdade, isso se torna possível.

Vamos falar do caso do rombo fiscal do Lula, usado exaustivamente por grupos bolsonaristas (Como mentir com estatística: Lula, o gastão). Somente o fato de eu falar com essas pessoas desta forma, como estou escrevendo aqui, e tenho feito, isso gera mais irritação. Eles vivem em um mundo de certezas, onde opinião sobre algo e alguém com evidências e especialização é a mesma coisa. Bobcasquinha123 e um professor que trabalha no tema

---

[33] Ver: Models and Vaccine by Viola Priesemann. https://www.youtube.com/watch?v=mM6YvKne88o&t=1s

há anos é a mesma coisa. Como Bobcasquinha123 fala o que gostaria de ouvir, ele deve estar correto. O professor se enganou ou tem uma agenda, ele é do PT.

Marcelo D2 tendo de explicar a um bolsonarista que o estudo que mostra que eles têm problemas de inteligência não foi feito pela Dilma e Lula (https://bit.ly/3XtnqSv).

Consideradas pontualmente, elas se tornam verdades, e, usando um termo técnico, das engenharias, *viável*³⁴. Toda mentira tem um fundo de verdade, as *fake news* em parte se propagam assim, além da tendência da confirmação.

No caso do Lula gastão que vamos considerar (Como mentir com estatística: Lula, o gastão), o gráfico usado é

---

³⁴ Viável é quando uma solução pode ser implementada, dada as restrições do mundo real. Como exemplo, no caso dos testes PCR, além de ser quase impossível e custoso, o teste possui baixa taxa de detecção do vírus. Essa solução não somente custaria muito, mas também seria do ponto de vista prático tampar o sol com a peneira. Além de não mencionar que essa solução ia contra as experiências internacionais, em outros países, fazer a pessoa esperar, e mais. O que sempre me deixou confuso: com tantos ministros, e bem pagos, ninguém considerou isso?

verdadeiro. Contudo o gráfico nem considera a inflação, nem considera os gastos. Grande parte dos gastos vem de calotes do governo anterior, falta de investimento em saúde e educação, e mais. Tudo isso formou uma bomba fiscal, que já havia sido alertada há tempos.

Nada do que está ocorrendo é novidade, para quem acompanha o assunto. Agora, uma pessoa passa o tempo inteiro lendo postagens de WhatsApp sobre o burrinho de gravata, e ouve que o Lula é gastão. O sujeito acorda como um leão dormindo e ruge: Lula gastão. Isso seria fazer politica para eles, ser um eleitor ativo.

Deixe-me dar dois exemplos da ciência. Durante muito tempo, faziam-se a *sangria*. Seria sangrar a pessoa para tratar. Isso pode ter funcionado, mas em geral gera mais danos do que solução. Outro exemplo, seria câncer. Em alguns casos, é melhor deixar o paciente morrer, viver bem seu resto de vida; um bom gestor sabe decidir quando fazer algo é interessante, nem sempre é. A medicina, como ciência, pesa as consequências de qualquer solução. Somente pessoas sem qualificação consideram soluções sem ponderar efeitos colaterais. Para a medicina, isso se chama *medicina baseada em evidências*.

Outro problema dessas verdades: geralmente, são pensamentos de curto prazo. Muitas podem ser consideradas predatórias. Isso geralmente funciona devido ao fato que os eleitores não conseguem pensar de forma sistêmica e longo prazo. O eleitor nunca assume responsabilidade das escolhas.

Um estudo mostrou que pessoas não lembra mais em quem votou no congresso seis meses depois[35]. Isso quer dizer: pessoas não acompanham minimamente o que os parlamentares fazem. Eu acompanho, e vejo a diferença assustadora entre os discursos bolsonaristas e como eles votam, como eles se comportam no congresso. O discurso deles são vazios, sem qualquer conteúdo; excluindo as notícias falsas, elemento-chave nos discursos de parlamentares bolsonaristas.

Como exemplo: *Proteger a Amazônia?*

Os custos para cuidar depois da destruição é bem maior, como reflorestamento. Um pensamento de curto prazo, com verdades pontuais, vai somente pensar nos 100 reais que fazem, mas não considerando os prejuízos futuros, como exemplo para a saúde, ou mesmo trabalho de

---

[35]Datafolha mostra que mais de 60% não se lembram do voto para o Congresso.
https://www1.folha.uol.com.br/poder/2022/08/datafolha-mostra-que-mais-de-60-nao-se-lembram-do-voto-para-o-congresso.shtml

recuperação da região. Resumindo: a curto prazo lucrativo, a longo prazo, um prejuízo muito maior.

A questão da Amazônia é ainda mais complexo. Não somente a questão ambiente se correlaciona com a saúde, como com o clima e a economia brasileira que depende do agronegócio.

O grande problema é que, como vou repetir durante a obra: *as pessoas não pensam*, não mastigam, o que esse político fala; em geral, as pessoas costumam ser desconfiadas de políticos, mas esse como o vírus da AIDS, parece ter atacado o sistema imunológico. Isso vale também para qualquer um que venha futuramente a assumir a posição de *salvador da pátria*.

Vivemos um delírio nacional: estamos sempre esperando alguém surgir das cinzas, e resolver nossos problemas sociais[36]. Isso leva a o que alguns chamam de *scapegoating:* na incapacidade de resolvermos nossos problemas sociais, jogamos em algo. Nesse caso, como destaca Jessé Souza: a corrupção do PT.

Ninguém está negando a corrupção, e nem minimizando, mas esse não é o maior problema do Brasil, nem o único. Existem pessoas firmemente certas de que a corrupção PT quase quebrou o Brasil[37]. Por mais que os desvios foram grandes, e houve devolução de desvios, isso não quebrou nem quebraria o Brasil.

---

[36] Nesse momento, circula no Twitter pessoas rezando no muro do exército do Rio de Janeiro: https://twitter.com/UOLNoticias/status/1590162160717795329 . Note que era comum pessoas rezando em frente ao escritório de Bolsonaro: esses vídeos circulavam no Twitter, para mim, assustador. Ele mesmo criou o "cercadinho". Nada contra religião, mas vivemos um estado laico, e em um país rico em religião. Eu mesmo sou apateísta e agnóstico, e quero ser respeitado, mesmo sendo uma minoria. Lembre-se: fundamentalismo religioso colocou e coloca vários países de joelhos. A separação do estado e religião historicamente aconteceu devido a um motivo, sugiro ler antes de exigir algo. Devemos aprender com os erros dos outros, isso inclui tentativas de implementar o nazismo por esse pessoal.

[37] Economistas rebatem farsa: quem quebrou o Brasil não foi o PT, mas quem veio depois. https://www.cut.org.br/noticias/economistas-rebatem-farsa-quem-quebrou-o-brasil-nao-foi-o-pt-mas-quem-veio-depoi-57f4

Fonte: Twitter.

Leitura interessante: *por que somente a corrupção do Lula gera indignação?*

*Durante o debate do segundo t*urno, um site cujo trabalho era checar as informações[38], basicamente, com exceções, as checagens de Bolsonaro eram vermelhas, ou seja, mentira na cara dura[39]!

Algumas mentiras nem precisei checar. Como diziam alguns: Bolsonaro mente mal, muito mal. Nem sei como as pessoas conseguem acreditar. Enquanto ele fazia a barbárie dele, alguns se perguntavam no Twitter, como professor Richard Dawkins, do que estava acontecendo aqui. Parecia que as pessoas ficaram surdas, cegas e acéfalas.

Eu, como brasileiro, não sabia o que dizer. Não queria acreditar que os brasileiros eram isso, que o Bolsonaro mostrava publicamente. Eu não concordo com Emmanuel Macron ao dizer "os brasileiros têm o presidente que merece"[40], ao ser atacado verbalmente por Bolsonaro[41].

Depois de estudar Hannah Arendt[42], que refletiu sobre o nazismo: foram as pessoas "de bem" que tornaram o nazismo possível, isso inclui cientistas que apoiaram o

---

[38] https://bit.ly/4dM9GIe

[39] Segundo o site de checagem Aos Fatos, em 1.185 dias como presidente, Bolsonaro deu 5.145 declarações falsas. Fonte: Bolsonaro bate 5 mil mentiras desde 2019; | Política. https://bit.ly/3AWIvvw

[40] Não conseguir achar a fonte, mas acredito ter escultado no Jornal da Cultura. Mas existe esse artigo da Folha de São Paulo. "Bolsonaro já fez piada com esposa de Macron, reeleito presidente da França." https://bit.ly/3MvJVzS

[41] Nem concordo com o ataque de Bolsonaro, não há motivos para criar tensões entre nações. Como a Marina Silva disse, Bolsonaro usa a chantagem para negociar.

[42] Hannah Arendt: significado e experiência viva, com Adriana Novaes. https://bit.ly/3T9qHnu

regime de Hitler. Einstein "deu no pé"! Teve livros queimados e tudo[43].

> "A ideia é essa — que todos seríamos perversos se não nos mantivéssemos na **religião cristã**. Para mim, parece que as pessoas que se mantiveram nela foram, na maioria, extremamente perversas." Bertrand Russell explicado por que não é cristão[44].

Ela não achou nada como inveja, sentimentos que atribuímos às pessoas "do mal", que seria a *simplificação do mal*. Nosso erro como sociedade é insistir na ideia de que conhecemos o mal, e sabemos quando ele bate na porta para entrar, e abrimos. Nem a bíblia define o mal, de forma concreta. As pessoas interpretam o mal como projeção do seu mundo interno.

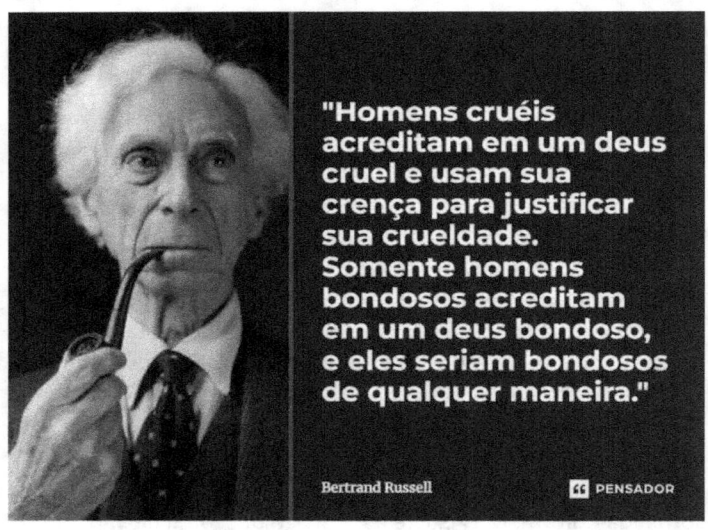

---

[43] Sugestão de leitura: E=Mc2: A Biography of the World's Most Famous Equation. Book by David Bodanis

[44] Bertrand Russell, *Why I Am Not a Christian and Other Essays on Religion and Related Subjects.*

No livro "Falando com estranhos", Malcolm Gladwell mostra inúmeros exemplos onde somos enganados por pessoas. Hitler conversou com inúmeras lideranças da época que não viram o mal em Hitler. Em alguns casos, um dia depois de falar com Hitler, ele invadiu países mesmo dizendo que não o faria. Em uma pesquisa de rua, mostrou-se o perfil de Hitler para pessoas, o que inclui gostar de artes e lealdade à mulher, que não conseguiram ver que era Hitler.

O mal parecer ser "o bem" colocado em sociedade, uma propriedade emergente "do bem". "O mal" surge quando as pessoas "de bem" deixam de questionar ordens, de pensar, de falar com o mundo interior. "O mal" seria um silenciamento da nossa humanidade em nome de seguir um líder, supostamente querendo o bem de todos[45]. Um estudo recente mostrou que pessoas com baixa inteligência tendem a serem religiosas, se aliarem à direita, e aceitarem lideranças autoritárias.

"Os resultados deste estudo foram unívocos. Pessoas que apoiam a autoridade e líderes fortes e que não se importam com a desigualdade — as duas dimensões básicas subjacentes à ideologia política de direita — apresentam níveis mais baixos de habilidades emocionais." <u>Alain Van Hiel</u>

---

[45] Claro, aqui estou interpretando. Assumo responsabilidade bom erros de interpretação.

Depois de escrever o vol. II, e conversar com cristãs e ver inúmeras conversas online principalmente no podcast *The Atheist Experience*, cheguei a conclusão de que a religião causa o mal ao impedir que as pessoas pensem por si, dando a elas valores externos, como a moralidade na Bíblia.

> "Religião é um insulto à dignidade humana. Sem ela, você teria pessoas boas fazendo coisas boas e pessoas más fazendo coisas más. Mas **para que pessoas boas façam coisas más, isso é preciso de religião.**" Steven Weinberg (Nobel de 1979)

Eu entendo que sob pressão, todos erram. Contudo, isso virou a regra para o Bolsonaro e equipe. Não é uma vez, é algo sistêmico. É um descaso total com a realidade, com os fatos. Para mim, é algo assustador, é a normalização da mentira, a institucionalização da mentira; para não contar tentativas de omitir dados públicos, ou mesmo manipular dados. Isso para mim, é preocupante. Se jogamos na lata de lixo os fatos, os dados, o que resta é religiosidade, veneração do líder supremo. Autoritarismo. Isso seria um fundamentalismo, algo que já existiu. Galileo, exemplo fácil de citar, sofreu ao questionar usando fatos a versão religiosa da Lua: Galileo viu que a lua não era perfeita, mas cheia de furos, de imperfeições. Newton mostrou que a luz branca não era pura, como pensava os religiosos, mas composta de várias cores.

O mais preocupante: somente a esquerda se opôs ao veto do Bolsonaro, que permitia a mentira como estratégia de governo[46].

O que é mais curioso, ao conversar com alguns eleitores do Bolsonaro: eles parecem gostar das mentiras. Parece-me algo confortante: ouvir o que gostaria de ouvir, diferente da verdade. Seria uma tentativa desesperada de não aceitar a realidade, parece-me.

E só de auxílio emergencial em 2020 nós gastamos o equivalente a 15 anos de Bolsa Família.

FALSO

É FALSO que o governo federal gastou o equivalente a 15 anos do Bolsa Família com o pagamento do auxílio emergencial na pandemia. De acordo com dados do Ministério da Cidadania, foram despendidos com o Bolsa Família, entre 2005 e 2019, R$ 434,1 bilhões, em valores corrigidos pela inflação. Já dados do Tesouro Transparente indicam que o governo Bolsonaro pagou R$ 293,1 bilhões de auxílio emergencial em 2020, o que corresponde a cerca de R$ 341,3 bilhões, em valores corrigidos pelo IPCA. Com os valores pagos em 2021, o valor chega a R$ 360 bilhões.

Tesouro Transparente Portal Transparência

---

[46]Congresso mantém veto de Bolsonaro que impede criminalizar fake news.
(https://www.poder360.com.br/congresso/congresso-mantem-veto-de-bolsonaro-sobre-criminalizar-fake-news/)

Figura 3. Exemplo de uma checagem das falas do Bolsonaro, descuido total com a realidade.

Isso me fez me perguntar:

Estariam todas as pessoas prontas para a realidade?

Lembra do filme The Matrix? Neo foi explicado que nem todos estão prontos para aceitar a verdade, um deles traiu o grupo para voltar à Matrix, depois de sair. Basicamente, as máquinas usavam pessoas como "baterias humanas", em troca davam a eles uma realidade perfeita, com tudo que sempre quiseram.

Voltando ao assunto principal.

Em uma empresa, existe o que se chamam de "tempestade de ideias": quando temos um problema, as pessoas podem jogar o que quiserem, depois as ideias são filtradas.

Vou explicar melhor o que me levou a escrever este artigo.

Quando ouvi o político falar, por mais que o odeie pessoalmente, é verdade o que ele falou, e me vi concordando com ele[47]. Depois veio uma cientista, e falou o contrário, também concordei com ela. No fim, fiquei

---

[47] Sim, eu faço um exercício de ouvir que eu odeio. Não é fácil, mas sei que preciso separar a pessoa das ideias. Em um experimento que gosto, em um país polarizado de cunho religioso, trocaram as ideias de lados, trocaram o rótulo da origem das propostas. O lado oposto concordou com o outro! Marina Silva conta um caso onde teve de pedir outra pessoa para propor uma ideia no congresso, o Serra, e passou. Se fosse ela, não teria passado.

com a cientista! Por quê? Não é camaradagem, "clube do bolinha".

Ciência é um jogo antigo, refinado durante décadas e décadas. Quando erramos, e erramos muito, erramos em grupo. Um cientista nunca fala sozinho. Estamos sempre "em ombros de gigantes"!

A ciência é um processo de confiança mútua: eu confio que os outros cientistas fizeram o trabalho deles, e sigo com o meu. Note que confiar não é veneração, não é "cieminions". Caso note alguma inconsistência, eu rebato. Isso é diferente de acusar sem evidências, somente porque acordei mal-humorado.

Acusar sem evidência geralmente gera paranoia. Isso já gerou guerras, uma delas do Estados Unidos contra o Japão: ataque por falta de evidências. Isso gerou um dos maiores fracassos da psicanálise: as *memorias reprimidas*. Nunca assuma algo como verdade, somente porque sente que é verdade. Muitos medos e anseios humanos nascem da tentativa de agir sem ter evidências. Vamos retornar a esse assunto na seção Tem um dragão na minha garagem. Gostaria de ver?.

A argumentação de que a falta de evidência é evidência é chamado de a *falácia da ignorância*.

> **Princípio de Christopher Hitchens.** Tudo que pode ser validado sem evidência pode ser rejeitado sem evidências.
>
> **Princípio de Carl Sagan.** Quanto maior a afirmação, mais ousada for, mais evidência precisamos.

A ciência quando erra, erra como uma instituição, e concerta seu erro como um corpo grande. Lembra do artigo que fez a correlação entre vacina e autismo? Rebatido, todos excertos um autor voltou atrás, alguns perderam o emprego. Talvez tenha ouvido dos pesquisadores das ciências sociais que inventaram os dados: tornaram o processo de revisão mais pesado nas ciências sociais. Mesmo quando o erro passa, ainda assim acertamos: rumores falam que a pessoa que descobriu a propriedade discreta dos elétrons "deu uma mãozada"[48] nos dados.

Cientista, em geral, por força do hábito, são cuidadosos, jogam para acertar, e se preocupam com suas carreiras, possuem um nome em jogo. Diferente de bob545 nas redes, cientistas tem algo para perder, e geralmente, ponderam os riscos.

O método científico foi criado exatamente para eliminar as falhas humanas, como tendência de confirmação. O objetivo é evitar que os humanos contaminem o conhecimento, com suas mazelas [49]sociais, favoritismos e mais. Nem sempre funciona, mas funciona melhor do que política.

É muito comum a argumentação: eu conheço um cientista religioso, como forma de forçar a barra entre religião e ciência/racionalidade. Primeiro, com disse, é um, não vários. Mesmo assim, o método científico barra ele de usar religião na ciência. O trabalho de cada cientista precisa ser validado pelos pares para ser válidos. Outros pesquisadores precisam ler, aceitar.

Vou dar um exemplo simples. Testes de hipótese é um método científico que prova estatisticamente que algo é verdade ou não.

---

[48] Arredondou os números.
[49] O sistema de amostragem eleitoral funciona assim.

Como exemplo, nos testes de hipótese tentamos negar o oposto do que queremos afirmar[50]. No caso de afirmações religiosas, temos de provar o que não existe. Nem existem formas de fazer paralelo. Suponha que tenha um medicamento milagroso, mas não tem como ter acesso ao medicamento para testar. Ou seja, mesmo que queira testar se o medicamento funciona, não tem como testar porque não consegue ele.

No caso das orações, existem experimentos tentando provar. Em um conjunto de experimentos, eles separaram pessoas em grupos. Pessoas que receberam orações e pessoas que não receberam, isso pessoas que passaram por cirurgia. Não houve melhoras. Em outro, eles separam entre pessoas que receberam e sabiam, pessoas que receberam e não sabiam, e pessoas que não receberam. Curiosamente, as pessoas que receberam e sabiam tiveram resultados piores.

> "Parece mais provável que os pacientes que sabiam que estavam sendo alvo de orações tenham sofrido estresse adicional como consequência: ***"ansiedade de desempenho"***, como colocaram os experimentadores. O Dr. Charles Bethea, um dos pesquisadores, disse: "Isso pode tê-los deixado inseguros, se perguntando: estou tão doente que tiveram que chamar uma equipe de oração?" Na sociedade litigiosa de hoje, é esperar demais que esses pacientes, que sofreram complicações cardíacas como consequência de saberem que estavam recebendo orações experimentais, possam entrar

---

[50] Estatística não trabalha com certezas.
https://www.youtube.com/watch?v=ueJFNnO2ymo

com uma ação coletiva contra a Fundação Templeton?" Richard Dawkins em Deus um Delírio

O mais curioso deste experimento: mesmo quando falham em provar, eles usam uma espécie de "Deus tímido", ou "Deus sabe quando está sendo medido". Convenientemente, eles somente trabalha de forma misteriosa.

Se gostaria de provar que a média é maior do que um valor, negamos o oposto: ser menor. Isso faz a diferença porque deixa a porta aberta para novas evidências, que ocorre o tempo todo nas ciências. Não existem verdade inabaláveis nas ciências, e Einstein sabia disso. Por isso não podemos afirmar que Deus não existe, nem que existe. Nem podemos afirmar que não exista vida fora da terra, nem que existe. Vamos voltar nisso na seção Colocando Deus contra a Parede.

Contudo, no caso de Deus, existem outros problemas. O maior deles: ele desafia as leis da natureza. Além de não termos como testar ele, ou sua presença, como exemplo através de orações, ele exigi leis somente deles, isso se chama Petição Especial. Seria provar uma negativa. Não podemos provar que não existe vida em outros planetas, nem que não existe. Contudo, no caso de vida em outros planetas, as leis da física moderna não impedem isso. Moléculas básicas da vida foram achadas em asteroides e esses blocos podem formar fora da terra, isso já foi demostrado. Diferente de Deus, vida em outros planetas pode ser derivado usando lógica. Deus não somente falta provas, como desafia qualquer raciocínio lógico.

Geralmente, nós não conseguimos ver. Como exemplo, alguns métodos conseguem de uma amostra dizer o que está acontecendo com o todo[51]; foi provado que temos problemas com estatística, damos muito valor ao que vemos, e foi provado que mesmo pesquisadores podem cair, e caem, nessas armadilhas. Quando converso com pessoas, fico sem saber como explicar ao ver eles falarem. Uma pessoa roubou e matou perto de mim, isso é um problema nacional. Infelizmente, não é bem assim. Isso se chama na psicologia de *viés da disponibilidade*[52]: damos muito valor ao que vemos, digamos na televisão, ou ao nosso redor.

O método científico é igual à meditação: acertar várias vezes não nos torna imune às armadilhas mentais, da idade das pedras.

Então, por que o político, ao falar primeiro, me convenceu?

Por que o que ele falou é verdade, mesmo sendo uma verdade que teria grandes consequências, "uma verdade crua": isso foi meu sistema 1 falando, o sistema preguiçoso e reativo, não sou imune, nasci com ele e vou morrer com ele. Acredito que muitos bolsominions, ou qualquer tipo de *minions* por vir, são criatura reativas, que usam somente o sistema 1, e isolam o sistema 2. Talvez o sistema 2 esteja atrofiado, depois de anos sem ser usado, sem ser lapidado. Quando para de malhar, geralmente, a pessoa perde musculatura, e geralmente engorda como efeito colateral.

---

[51] Apesar dos problemas com os eleitores do Bolsonaro no primeiro turno, as sondagens eleitores acertam no segundo torno, que é um sistema de amostram. Ver: Nova metodologia no segundo turno: parece que acertaram na mosca!
https://www.jovempesquisador.com/post/nova-metodologia-no-segundo-turno-parece-que-acertaram-na-mosca
[52] https://youtu.be/wEwGBlr_RIw?t=84

Se dizem que imigrantes tomam seu emprego[53], pode ser verdade, especialmente porque você conhece um chinês que trabalha na padaria, ou um português. O problema é o seguinte: o estrangeiro também roda a economia, traz novo conhecimento ao país (para os brasileiros, note a origem de muitas coisas, como o pão francês, tomate...), faz trabalhos que muito provavelmente você não faria, vive em condições que você muito provavelmente não aceitaria.

Tem uma piada em inglês: como é possível imigrantes tomarem seu emprego, e ao mesmo tempo viver de benefícios do governo?? Isso é impossível: uma pessoa rouba todos os trabalhos, e ao mesmo tempo vive de migalhas do governo. Isso mostra como pessoas são irracionais.

---

[53] Muito radicais usam isso nos Estados Unidos. Ver: https://www.youtube.com/watch?v=2ix8JEqCJ1s&t=748s

Lembra da expulsão dos médicos cubanos por Bolsonaro? Pessoas em regiões vulneráveis ficaram sem médicos, eles iam em lugares que brasileiros não querem ir. Tudo com a narrativa de "comunismo": ideologia nos torna estúpidos, infelizmente. Ou seja, ele expulsou sem ter um plano para substituir. Isso se chamar *reacionarismo*.

O presidente, que deveria ser o sistema 2 do país, se comportava como sistema 1. A população, por definição como vejo e chamo de cérebro coletivo, é o sistema 1. Nesse caso, o governo precisa ser o sistema 2, isso inclui a justiça que se saiu bem, mas sofreu muito estresse devido aos ataques 24 horas.

Meu ponto é: tome cuidado com qualquer informação que te faça sentir confortável. Você pode estar sendo manipulado com verdades parciais, que vai te custar caro! Droga é bom, o problema são as consequências para sua vida; sexo sem proteção bom, Mcdonalds é bom, Coca Cola, o problema são as consequências. Não trate informação de forma diferente!

O que é tendência de confirmação e como se vacinar contra ela[54]

Apesar do título provocativo, não temos vacina contra *tendência de confirmação*. O que podemos fazer é seguir protocolos. Como exemplo, nas ciências, algo mais técnico, alguns propuseram recentemente uma forma de revisar trabalhos de outros cientistas sem cair na tendência de confirmação, pelo menos minimizar: são regras. Sim, cientistas também são mordidos por esse fenômeno, algo que disparou nos últimos anos devido a uma pressão forte em publicar o tempo todo, se quiser comer, ter comida no prato. A maior vacina é humildade, sempre lembrar que nada sei, que o mundo é muito complicado, e preciso "subir em ombros de gigantes", como dizia Newton. Sempre lembrar que meus olhos podem te enganar, seu cérebro pode mal interpretar, que eu posso estar tentando curvar a realidade aos meus desejos internos. Difícil, mas pratique. Quando errar, perdoe! Mas não deixe de repensar o que levou ao erro.

---

[54] Baseado em: O que é tendência de confirmação e como se vacinar contra ela (https://bit.ly/40dbvqJ)

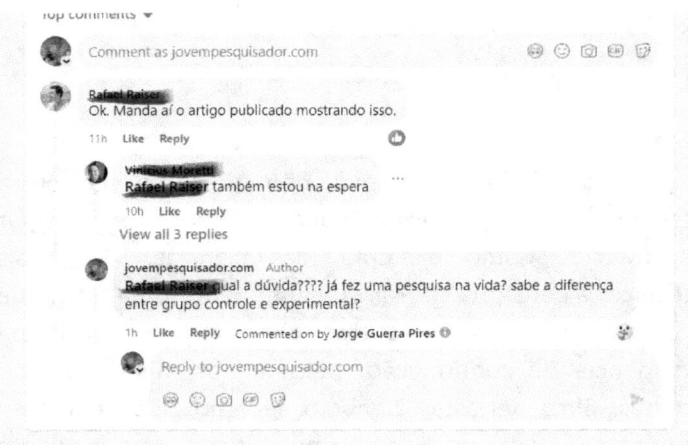

Reação à postagem que fiz do experimento sobre orações não funcionar no grupo da CAPES de Facebook (não oficial, no oficial, nem consigo postar, eles rejeitam qualquer postagem de religião, mesmo que seja experimentos científicos)

Vamos em frente, depois desta introdução desanimadora!

Desde que li o livro "Rápido e Devagar: Duas Formas de Pensar" de Daniel Kahneman, e reforçado no momento de polarização política que vivemos, venho me questionando sobre a tendência de confirmação.

Tendência de confirmação é um viés cognitivo onde a pessoa filtra somente aquilo que confirma o que pensa, ignorando tudo aquilo que nega a crença

---

> *Viés cognitivo é um atalho mental, onde se decide sem pensar. Seria um pensamento rápido, sistema 1 usando a terminologia de Kahneman.*

Recentemente, segundo alguns autores, isso tem aumentado no meio científico. Isso se deve a vários fatores, entre eles a pressão para publicar. Isso, geralmente, "força" os pesquisadores a publicarem antes de checarem bem, e esconderem tudo aquilo que pode ser "usado contra eles" por revisores. Alguns chamam isso de "a ciência invisível". Não, revisores não conseguem em geral ver isso, pode levar tempo para pegar uma tendência de confirmação. Somente ser for óbvia se consegue pegar. Isso somente cientista de primeira viagem vai cometer.

O exemplo mais fácil de ver seriam as *fake news*, que é uma palavra bonita para a velha fofoca. Basicamente, quando falamos mal de quem não gostamos, tendemos a somente ouvir as críticas contra essa pessoa. Nas *fake news*, estamos somente lendo e repassando o que confirma nossa visão de algo ou alguém. "Eu não disse!", diria uma pessoa geralmente em estágio avançado de tendência de confirmação. Sim, isso gera prazer. Talvez o mesmo prazer que levou Arquimedes a dizer "Eureka!". A diferença é que Arquimedes falava do que entendia, do que havia trabalhado por anos.

-Eureka!

> Imagine um mundo em que gerações de seres humanos passam a acreditar que certos filmes foram feitos por Deus ou que determinados softwares foram codificados por Ele. Imagine um futuro em que milhões de nossos descendentes se matam por interpretações rivais de *Star Wars* ou *Windows 98*. Poderia haver algo — algo mesmo — mais ridículo? E, ainda assim, isso não seria mais ridículo do que o mundo em que vivemos hoje. Sam Harris (A morte da fé)

Se fomos fazer uma analogia. O cérebro seria um computador, e seu funcionamento seria através de um software, chamado *Darwin*. Alguns usam a alternativa chamado Deus. Dependendo de onde nascer, geograficamente e no tempo, uma versão de Deus bem específica será instalada como padrão, isso pelos pais. Se nasceu na Grécia antiga, seria talvez Apolo e Zeus, talvez Thor. Se nasceu no Brasil do século XXI, com chances de 80%, foi instalado um chamado Deus de Abraão.

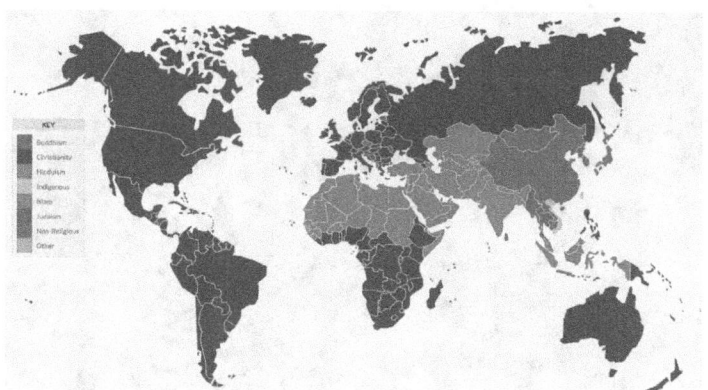

Um mapa de como esse software é instalado como padrão no século XXI. Desinstalar dá trabalho!

"Aquela não é um "criança muçulmana", mas sim uma criança de pais muçulmanos. Essa criança é jovem demais para saber se é muçulmana ou não. Não existe tal coisa como uma criança muçulmana. Não existe tal coisa como uma criança cristã." Richard Dawkins estressando, crianças não nascem religiosas.

Darwin foi escrito pela evolução, como o Windows, foi melhorado com o tempo. Cada melhoria foi feita para nos proteger. No mar de informações do mundo, o cérebro criou formas rápidas de pensar. A tendência de confirmação é uma forma do cérebro achar padrões. Quando algo se repete, passamos a ter uma visão predefinida. Isso nos ajudou quando as informações eram limitadas, e homogêneas. Hoje, uma mesma pessoa pode morar parte da vida no Brasil, depois ir para Europa, e morrer nos Estado Unidos. Uma mesma vida basicamente andou o mundo. Diferentes culturas, diferentes regras. A tendência de confirmação como exemplo vai fazer a pessoa ficar desconfiada, brasileiros são o povo mais desconfiado do mundo. Ou mesmo, estereótipos podem tornar a convivência inicial complicada.

Quem usa o software Deus jura que ele foi criado do nada, mas ele foi criado do software Darwin. Ele aumenta a tendência de confirmação, devido à forma como funciona, com poucas regras, e regras rígidas, regras que não foram atualizadas. Ele não tem a opção de atualizar. Outro seria o software Ciência, que nesse caso as pessoas que usam esse como sistema operacional admitem que foi criado do software Darwin. O software Darwin é bem primitivo, e funcionou para nos proteger contra leões, mas nos torna irracionais nos tempos modernos onde nosso maior risco é nosso chefe nos chamar a atenção, e reagimos de forma excessiva como se fosse uma ameaça na savana.

"O Robô Ateu"

"Ninguém me construiu, eu evoluí de um aspirador de pó."

Estava conversando com um eleitor do candidato que não pretendo votar, que é religioso, acho que isso aumenta as chances de cair nessas armadilhas. Também já conversei com pessoas que vão votar no mesmo candidato que eu. Dos dois lados, o padrão é o mesmo: eles(as) racionalizam os problemas do seu candidato, e maximizam os erros do outro: chamo isso de sistema de dois pesos. Como é um viés cognitivo, isso significa que a pessoa não percebe!

Em fiz uma pesquisa pequena na minha região. Notei que os piores comentários, quando questionei se votaria em mulheres, vieram de mulheres. A primeira rejeição, e quase a única, veio de uma mulher. Também aprendi que a religião influencia o voto das pessoas: isso é uma tendência ideológica/religiosa[55].

O problema do viés cognitivo é que sem esforço, não conseguimos ver. Como exemplo, em um livro sobre gênios que estou lendo[56], mostrou-se que mulheres tendem a serem machista, mas sem perceber. Ou seja, elas dão preferência para homens. Isso seria um exemplo de viés cognitivo, bastante interessante sobre o tamanho da cegueira que a tendência cognitiva pode gerar. Não vemos, negamos, mas está lá, nas nossas decisões e opiniões. Ver nosso livro oficial para como as ideologias podem afetar nossas pesquisas.

No caso da tendência de confirmação, tendemos a pesar de forma diferente o que queremos vs. o que não queremos. Por isso que defendo, usando trabalhos de Kahneman, que computadores devem substituir humanos.

Pergunta para reflexão: *como podemos praticar não sermos reféns de tendências cognitivas?*

---

[55] O que os dados nos dizem sobre religião e política em Antônio Pereira.
https://jorgeguerrapiresphd.wixstudio.io/eleicoesap/post/o-que-os-dados-nos-dizem-sobre-religi%C3%A3o-e-pol%C3%ADtica-em-ant%C3%B4nio-pereira

[56] The Hidden Habits of Genius: Beyond Talent, IQ, and Grit—Unlocking the Secrets of Greatness. Book by Craig M. Wright

Pergunta complicada, que eu mesmo me faço constantemente, especialmente quando falo com pessoas que vejo a tendência de confirmação claramente. Sempre procuro tentar ver meus vieses cognitivos, dos outros é fácil e rápido! Isso seria como ver uma mancha preta nas suas costas usando um espelho.

Algo que procuro fazer: sempre ouço pessoas que pensam totalmente diferente, não digo que seja prazeroso, mas o faço. Isso me ajuda a mitigar minha tendência de confirmação. Isso me ajuda a sempre lembrar que eu também posso facilmente ser tentado pelo bichinho da confirmação sem dados representativos. Novamente, um desafio grande. Em alguns casos, preciso me segurar na cadeira.

Nem sempre é trivial, como exemplo, quando falamos de política. Quando um candidato já mentiu tanto, fica difícil continuar tentando!

No mundo da pesquisa, criaram, como exemplo, o PRISMA. Essa metodologia para revisão da literatura busca evitar tendência de confirmação no processo de revisão. Isso significa: somente ler e citar aquilo que confirma nossos achados.

Fica a dica:

- Ouças pessoas com opiniões diferentes, mesmo que seja desafiador.
- Evite ficar rebatendo a pessoa na conversa, mesmo que complicado.
- Procure responder depois, não no momento, quando conversa com pessoas que pensam de forma diferente.

O que são fontes?

Fonte, colocado de forma simples e direta: é como você aprende, de onde vem suas informações, baseado em que afirma o que afirma, quais são seus pilares de sabedoria. Você pode não perceber, você tem fontes. Pode ser seu tio, seu melhor amigo, ou seu cientista favorito, mas são fontes. Fontes são seus pilares para afirmar algo, onde ouviu pela primeira vez o que afirma.

Eu sinto uma dificuldade enorme de explicar para pessoas o que é fontes confiáveis, especialmente, religiosos. A Bíblia não é fonte confiável, menos ainda WhatsApp. Toda fonte precisa ter uma forma de ser checada e validada. Se digo que a inflação foi de 10% em um período, precisamos ter uma forma de verificar independentemente de quem afirma.

Ter noção do que são fontes nos ajuda a saber que nem todas as fontes são iguais e válidas. Usar a página de Facebook do Bolsonaro, o que já vi sendo usado contra mim em discussões online, como fonte confiável que algo que ele mesmo tem a ganhar não é fonte válida.

Faça o seguinte exercício, de forma sincera.

Pense em uma opinião que tem, e pense onde ouviu pela primeira vez, pense o que te fez ter a opinião; talvez foi a sua tia do WhatsApp, e sua tia nunca mente, por isso ela é minha fonte. Essa é a sua fonte, ou as suas fontes. Muitas pessoas teriam dificuldades de fazer o exercício por nunca ter pensado nisso. Algumas pessoas, especialmente online, descartam fatos dizendo algo: respeito sua opinião. Eles tendem a falar como se ciências bem estabelecidas fossem opiniões. Quando discutia com uma pessoa sobre religião, ele disse: respeito sua opinião. Estava usando os trabalhos de Daniel Kahneman, que levou ao Nobel em economia. Claro, o Nobel é somente opinião.

Confundimos opinião com fatos, opiniões com fontes. Achamos que o que pensamos é fato, que não precisamos dizer de onde tiramos nossos delírios diários, que chamamos de opiniões. Curiosamente, quando é do outro "é somente sua opinião"; no nosso caso, vira fato.

Suponha que está tomando uma cerveja com seus amigos. Uma pedra passa entre vocês. O fato é: uma pedra passou entre nós. Uma pessoa evangélica pode interpretar como Deus dizendo a ela para parar de beber. Uma pessoa cientista pode interpretar como asteroide. Uma pessoa a beira da morte pode interpretar como um sinal para aproveitar a vida ao máximo. Note somente um fato, e inúmeras leituras.

> *A forma mais elevada da inteligência humana é a capacidade de observar sem julgar.*
>
> Jiddu Krishnamurti

Eu tenho notado um padrão comum, em assuntos políticos. A mesma argumentação é repetida em diferentes lugares. Contudo, ninguém tem noção da fonte. Como exemplo, o "Xandão autoritário, tirano", aparece nas redes sociais. Contudo, já conversei com pessoas que não usam redes, mas compartilham das mesmas argumentações. A sensação que passa é que as pessoas pensam que é opinião delas, mas estão apenas repetido narrativas sem fontes. A diversidade de argumentações é bem baixa em certos assuntos, como sobre o Xandão. Acredito, se todos refletissem sobre as fontes, todos veriam que estão usando a mesma fonte. Nesse caso, a fonte muito provavelmente são políticos ou mesmo *influencers* pagos por eles, ou grupos que querem defender certas agendas. Fontes possuem nível de validade, de confiabilidade. Um político falando de algo que ele tem a ganhar possui conflito de interesse, e deveria ser levado em consideração ao julgarmos a validade e confiabilidade da fonte.

Para piorar a situação, não sabemos que fontes precisam ser julgadas. O quão é confiável. Nem todas as fontes são válidas, ou mesmo merecem o mesmo peso. Não podemos, caso queiramos ser pensadores criticos e racionais, por motivo de educação, aceitar qualquer besteira simplesmente porque queremos evitar conflitos. Considere a fonte, a origem da informação, a formação e histórico da pessoa ou instituição falando. Considere conflitos de interesse, considere o quão a fonte pode ganhar com a informação dada.

Abaixo segue uma notícia de grupos bolsonaristas sobre as eleições[57], uma suposta fraude.

---

[57] Por que bolsonaristas acham que cantora do Abba é juíza - 07/11/2022 - Ilustrada - Folha. https://bit.ly/3Xdgbwx

Recentemente, um amigo meu no Facebook queria defender Bolsonaro e começou dizendo que "se tivesse sido uma eleição limpa".

O mais curioso disso tudo, e se repete com Trump: esses políticos podem fazer acusações sem qualquer prova, sem qualquer evidência. Não somente os eleitores aceitam, como o sistema não consegue responsabilizar essas pessoas. Mentir, acusar, virou estratégia de governo válida.

Todos os órgãos oficiais, inclusive internacionais, dizem que deu tudo certo, uma orquestra. Apesar do meu amigo não ter citado essa imagem, que anda circulando por grupos, quem garante que não está usando isso como fonte? Ou que a sua pessoa de confiança não usa isso como fonte? Não há fontes oficiais, nem especialistas, falando de fraudes. Todos os discursos vêm de grupos bolsonaristas, geralmente alterando fatos a bel-prazer, inclusive de pesquisadores realmente renomado. Da mesma forma que interpretam a constituição a bel-prazer, com direito ao nome dos artigos, também interpretam pesquisas a bel-prazer.

Em uma conversa com um amigo, ele disse que Lula levou vários contêineres quando deixou a previdência. Se jogar no Google, não acha nada; apesar de ter pedido, ele nunca em enviou a fonte, que deve ser prints de WhatsApp. Somente achei uma notícia já conhecida de que Lula não somente devolveu tudo que levou, com pagou o bolso o que faltava. Os supostos contêineres eram tralhas, coisas de baixo valor. Essa foi uma estratégia usada para minimizar o fato de que Bolsonaro embolsou joias mesmo quando a legislação deixava claro que era patrimônio da união, essa mesma lei não existia nos tempos do Lula.

Bolsonarismo é um mundo paralelo, com direito a regras deles. A lógica do nosso mundo não funciona no bozoverso.

Notei que muitas pessoas querem ganhar argumentação sem citar as fontes, quando cito as minhas, acham pelo em ovo, mas nunca citam as suas; isso vale mesmo para acadêmicos contra acadêmicos! Tentam criar um ar de superioridade, típico de *trollers* de internet. Parece-me o mesmo fenômeno onde somente a corrupção do Lula incomoda, o do Bolsonaro é limpa e válida. Esse mesmo fenômeno aparece com religiosos: as teorias científicas precisam ser prefeitas, mas Deus não possui o mesmo rigor. Algumas argumentações para provar Deus são tão ridículas quanto: "A natureza é bela, então....Deus existe".

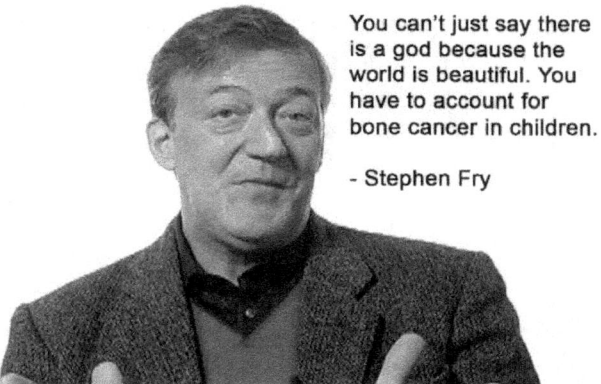

"*Você não pode simplesmente dizer que existe um deus porque o mundo é bonito. Você tem que levar em conta o câncer ósseo em crianças. - Stephen Fry*"

Eles dizem: o *Big Bang* não diz de onde vem a energia, então está errada. Menos ainda eles dizem de onde vem Deus. Deus pode surgir do nada, mas não a energia do *Big Bang*. É fato que não sabemos de onde vem a energia do

Big Bang, mas isso não implica que não descobriremos. Isso se chama *argumentação/falácia da ignorância*.

Estava discutido com uma pessoa online. Essa pessoa queria me convencer de que os judeus são superiores, e suas profecias não somente se cumpriram como vão se cumprir. A pessoa se declarava autodidata, aprendeu tudo sozinho. Já é complicado ter de lidar com um religioso em grupos, agora imagine um lobo solitário. Essa pessoa fez uma vasculhada nas minhas argumentações, mas ela nunca questionou a dela: de onde tirou essa ideia de superioridade dos judeus. Claro, ele me mandou vários vídeos do YouTube e um livro na Amazon de +1.000 páginas. Okay, vou gastar um doutorado para provar o que não tenho interesse, que muito provavelmente é falso. Não existe nenhum acadêmico que menciona que as profecias dos judeus são reais. A maior parte dos grandes cientistas eram judeus, nenhum deles gastou a carreira para provar a superioridade dos judeus, muitos Nobels foram judeus, incluindo, Daniel Kahneman, que cito constantemente nesse livro.

Einstein era judeu, mas ignorou totalmente esse lado das suas origens. Claro, recebeu ódio das pessoas de Deus, que achavam ele um traidor e perdedor.

> O Bispo Católico Romano de Kansas City disse: "É triste ver um homem, que vem da raça do Antigo Testamento e de seus ensinamentos, negar a grande tradição dessa raça." Outros clérigos católicos acrescentaram: "Não há outro Deus além de um Deus pessoal... Einstein não sabe do que está falando. Ele está completamente errado. Alguns homens pensam que, porque alcançaram um alto grau de conhecimento em algum campo, estão qualificados para expressar opiniões sobre tudo." Deus um Delírio (Richard Dawkins)

Fonte é de onde você tirou o que pensa, novamente, pode negar, mas todos nós nos baseamos em alguém, em algo. A fonte mais básica vem de *pesquisas primárias*:

experimentos com o mundo real. Isso se chama *método indutivo*. Quando uma pesquisa usa pesquisas primárias, elas se chamam secundárias. Não há nada de errado em ser secundários, nem mesmo menos importante. A única regra: siga protocolos, geralmente, métodos científicos, acordados entre pesquisadores que realmente entendem do assunto, que testaram as ferramentas em diferentes contextos. Esses especialistas sabem do limite de cada ferramenta, e deixam bem claro onde podemos ficar tranquilos, onde deveríamos ficar atentos.

O mais importante: todas fontes precisam ser verificável com fatos. Isso seria o *princípio da falseabilidade*. Preciso ser capaz de provar a veracidade, ou não, de algo. Caso contrário, não acredite, não espalhe, não comente. Não toque tambó para maluco dançar, pensamento que Leandro Karnal atribui a sua avó.

O que vamos aprender mais pela frente: mesmo que use o método científico, isso não garante que vai chegar no lugar certo. Eu já vi pessoas que estudam a ciência para justificar religião, ou mesmo coisas bizarras, como o formato da terra ser plano, videogames ser bom para saúde, cigarro não fazer mal e mais. Chegar no caminho certo não somente depende do método científico, como também do ponto de partida. Existem até denúncias de organizações religiosas pagando cientistas para falar bem de religião em eventos científicos.

> Primeiro, devo confessar (provavelmente essa é a palavra certa) que a conferência foi patrocinada pela Fundação Templeton. A plateia era composta por um pequeno número de jornalistas de ciência escolhidos a dedo, vindos da Grã-Bretanha e dos Estados Unidos. Eu fui o ateu de plantão entre os dezoito palestrantes convidados. Um dos jornalistas,

John Horgan, relatou que cada um deles havia recebido a considerável quantia de $15.000 para participar da conferência, além de todas as despesas pagas. Isso me surpreendeu. Minha longa experiência em conferências acadêmicas não incluía casos em que a plateia (em oposição aos palestrantes) fosse paga para participar. Richard Dawkins (Deus um Delírio)

Sabe quem faz isso?

Empresas de tabaco. Religião se tornou tão tóxica que entraram em desespero: usar a ciência para se mascararem como legítima e inofensiva.

Em uma pesquisa que vi, mostraram uma correlação positiva entre as últimas notícias e a opinião das pessoas, sem as pessoas perceberem[58]. Sim, você é influenciado por tudo, inclusive propagandas que são criadas para operar no subconsciente. E conversa de fim de domingo, e almoços de natal. Talvez, percebendo ou não, sua fonte pode ser o "tio Cascurim". Por isso, reflita sempre de onde está tirando o que pensa. Reflita sempre de onde vem suas ideias, e por que tem tanta certeza da veracidade. Confronte fontes, e forme opiniões o mais original possível. Como dizia um professor meu: junte duas opiniões, e forme uma terceira. Questione as fontes, seja um cético inteligente. Caso não consiga confirmar a fonte, não use; caso seja muito próximo do que gostaria de

---

[58] Isso quer dizer que sua opinião é uma caixa de ressonância das últimas notícias, mas acha que é "a sua opinião". Quando quero formar uma opinião, gosto de isolamento. Isso para mim é o mais próximo que chegamos de sermos originais, se é que essa palavra tem algum sentido na realidade. Existem casos de pessoas que compuseram músicas, foram acusados de plágio, e negaram. Isso para mim pode ser possível. Absorvemos o tempo todo, mesmo sem perceber.

acreditar, converse com outras pessoas, e peça a opinião dela. Nunca concorde somente porque gostaria de concordar. Seja um cético saudável, não estúpido. Eu tenho usado o chatGPT para desafiar minhas opiniões, ver meu outro livro "<u>Desinformação, infodemia, discurso de ódio</u>".

A melhor arma contra armadilhas cognitivas é uma cede interminável por informação, sempre questione, tudo. Contudo, aceite quando houver um mar de evidências apontando em uma direção. Existe um mar de evidências de que nunca houve fraudes nas urnas; claro, isso não elimina a possibilidade, o que não implica que houve.

Uma experiência recente. Criei um artigo da Wikipédia de todos os candidatos a prefeito da minha região. Um chamou minha atenção: nada de maracutaia. Contudo, dias depois, achei uma. Já havia o defendido publicamente. Eu tinha duas opções, racionalizar em nunca colocar na Wikipédia ou colocar ser justo com os outros candidatos, que fiz questão de colocar. Vozes na minha cabeça dizem: "não se preocupe, outro vai colocar,", "não se preocupe, não é seu dever ser justo com todos". Isso porque gostava do candidato.

O problema é que começamos pequeno, e pouco tempo estamos justificando um roubo de joias de milhões, e achando normal. Pequenas racionalizações ensinam o cérebro a fazer grandes. É somente questão de tempo. Para cozinhar um sapo, aumente a temperatura lentamente, quando ele menos perceber, está cozido. Se aumentar rapidamente, ele pula da panela.

Uma vez estava conversando com um eleitor do Bolsonaro. Parecia o mesmo falando no último debate. Muitos nem mastigam a fonte: funcionam como caixa de ressonância, repetindo sem indagar. Isso se chama citação direta, e devemos colocar entre aspas! :) Quando mastigamos antes de engolir, temos um espaço para indagar. Isso seria os segundos para verificar que Paulo Freire morreu, isso aparece na primeira busca no Google. Se Paulo Freire morreu, isso impossibilita ele assumir o ministério da educação. Lógica simples, nada muito complicado[59].

Vamos falar mais desse caso: uma pessoa usou a analogia de que "algoritmos são como receita de bolo", isso prova fraudes nas urnas. Note que essa analogia foi usada por Bolsonaro e bolsonaristas, a pessoa está simplesmente fazendo papel de papagaio. Ela não tem nenhuma ideia de como funciona um algoritmo, ou mesmo, como pensar de forma racional. Outra que vamos falar é a sala escura do TSE onde votos eram desviados para o PT.

Vamos falar mais sobre isso, mas no pedido do PL para cancelar votos concentravam em urnas onde o Lula tinha vantagem: no nordeste. Sim, pode ter ocorrido fraudes nas urnas, mas ninguém provou. Sim, pode haver fraudes no futuro, como pode ter ocorrido fraudes em todas as eleições passadas desde a redemocratização. Vamos cancelar todas as eleições passadas?

Isso se chama *o argumento/falácia da ignorância*, e vamos voltar mais nisso no vol. III.

---

[59] Não sei se era verdade, ou zoação, mas circula no Twitter a nomeação de Paulo Freire como ministro da educação. A galera, com medo do comunismo, queria protestar. No Twitter: https://twitter.com/JorgeGPires/status/1589235969626370049

Uma das formas de ganhar argumentação, e que odeio, é desqualificar as fontes; como já trouxe para atenção, e gostaria de reforçar. Essas pessoas geralmente não falam, ou não sabem suas próprias fontes. Mas são rápidas em negar a fonte dos outros. Uma vez um amigo, religioso, e estudado formalmente, disse algo do tipo com relação à minha fonte: ele é ateu. Como assim? Onde acreditar em Deus serve como forma de validar fontes?!

Curiosidades históricas. Einstein chegou a ser recusado em universidades da Checoslováquia devo ao seu posicionalmente não religioso; quem perderam foram eles! Durante anos, os judeus foram perseguidos devido a questões religiosas, quem perdemos fomos nós, grandes cientistas foram judeus.

Dica. Tome cuidado quando pessoas tentarem te desqualificar devido às suas fontes, mas sempre tenha em mente as suas fontes!

A boa notícia é que geralmente as pessoas são rasteiras, não se aprofundam em nada. Se conhece bem sua fonte, e não está fazendo trabalho de papagaio, vai saber rebater bem. As críticas vão soar como uma pergunta de criança. Mas lembre-se: a inteligência tem seus limites, a estupidez não. Não conseguirá ganhar qualquer argumentação. Salve sua energia e tempo para pessoas que realmente querem falar racionalmente.

Outra boa notícia: quando começa a argumentar sobre algo com várias pessoas, as argumentações ficam repetitivas. Como exemplo, eu nunca me interessei por religião, em pouco tempo aprendi os pontos fracos das argumentações religiosas, em defesa de Deus. Sam Harris separou elas em três grupos: ateísmo é somente mais uma forma de religião, ateísmo é extremismo, e religião é útil. Depois que aprendi isso, ficou evidente essa linha comum de argumentação. Como exemplo, estava conversando com um amigo querendo defender a Bíblia, la vem, ele disse: a Bíblia é muito sábia, isso deve ter sido escrito por Deus. Sam Harris menciona isso nas suas palestras, sem nunca ter ouvido falar do meu amigo. Platão era um sábio, nem por isso dizemos que seus conhecimentos vieram de Deus. O fato da Bíblia ser confusa, como comenta Harris, não implica que ela venho de Deus. Está mais para um punhada de coisas aleatória organizadas posteriormente em um livro, que colocaram "sagrado", e pronto, qualquer asneira soa sábio por ter sido enviado por Deus.

Parece que, se nossa espécie algum dia se erradicar por meio de guerras, não será porque estava escrito nas estrelas, mas porque estava escrito em nossos livros; é o que fazemos com palavras como "Deus", "paraíso" e "pecado" no presente que determinará nosso futuro. Sam Harris em A morte da fé

Eu gosto de namorar as fontes, e depois casar. Casei com Jessé Souza e Daniel Kahneman! Como exemplo. Nunca confie em fontes estranhas, fontes novas. Seja sempre receptivo a novas fontes e ideias, mas seja sempre cuidadoso, seja um cético inteligente.

O problema de não saber a importância das fontes está no fato de que podemos ser facilmente manipulados. Eu me considero um rebelde, não acho que devemos somente confiar na *Nature* ou *Harvard*. Mas essa rebeldia tem um limite, que é a estupidez. Quando começamos a usar Bob223243 como fonte, isso me parece o limite.

Outro problema que mesmo cientistas passam: se não sabemos qual confiar, corremos o risco de ficarmos sobrecarregados. Alguns cientistas estão usando robôs para ler artigos, devido à quantidade massiva. O ideal é eliminar a fonte logo de cara: WhatsApp não é confiável, isso já seria um bom começo como exemplo.

A realidade não deve se curvar às suas opiniões, mas suas opiniões à realidade.

No filme *the Big Short*, no final, uma pessoa que previu o colapso do mercado imobiliário americano disse algo do tipo: o problema das pessoas é que quando vão investir, procuram amigos e parentes como fonte, não especialistas. Sim, quando comecei a investir, também procurei pessoas próximas. A lógica que logo desafiei: confio nas pessoas próximas e são exemplos de que é fácil investir. Essa lógica é legal para começar, mas se quiser investir, tem que ir além da inteligência da massa.

Novamente, sou rebelde, mas WhatsApp não é fonte! Nem Facebook! No máximo, deve servir como ponto de partida. Eu mesmo escrevi dois livros partindo do Facebook como fonte, mas pesquisei muito para embasar os livros.

Quando comecei a estudar, na graduação, até mesmo no mestrado, fui criticado muito por usar a Wikipédia como fonte[60]. Na época, a Wikipedia ainda estava começando,

---

[60] Nesse Kindle, se passar o dentro em qualquer palavra ou conceito, aparece artigos da Wiki! Recomendo, eu uso muito! Aparecem também definições de dicionários se tiver dúvidas de termos.

hoje mesmo livros formais citam a Wiki. Por que? A Wikipédia não é uma fonte primária, ou seja, de estudos originais[61]. Tendo isso em mente, podemos citar a Wikipédia para saber algo geral, já bem definido. Contudo, se busca pesquisa de ponta, o estado da arte, o último bafafá, nesse caso acredito que deveria procurar um jornal científico tradicional.

A grande diferença é que a Wikipédia cita esses artigos. Artigos na Wiki sem citações podem ser removidos, geralmente são marcados por não terem fontes, ou terem fontes enviesadas.

Imagine da seguinte forma de pensar: referências são as cartas de baixo de uma casa de cartas. A primeira coisa que se aprende em um curso de graduação é a usar fontes, fazer anotações. Todo trabalho científico tem uma sessão chamada revisão da literatura, que são as fontes do trabalho. Uma casa de cartas com cartas fracas na base cai, tornam toda a construção vulnerável.

Precisamos de fontes confiável porque é trabalhoso ter de checar tudo. Cada cientista confia que o outro fez o trabalho dele.

Eu confio que Einstein, depois de +10 anos, desenvolveu a teoria da relatividade. Então, eu uso a teoria, não preciso ficar checando tudo novamente. Imagine o trabalho que Einstein teve, agora imagine eu ter de checar tudo de novo! Isso seria inviável! Talvez até impossível para a maioria. Nos tempos de Einstein, poucos entendiam o que ele estava fazendo. Eu mesmo entendo vagamente o que

---

[61] Duas curiosidades. A Wikipédia tinha um projeto para publicar artigos originais, mas parece que não foi para frente. Inicialmente, a Wiki era somente para especialistas, como a Scholarpedia, mas também não deu certo. Note, a mesma massa que fica burra, criou a Wikipédia.

ele fez, estudo às vezes, mas mais do que tudo, confio na competência dele, e genialidade. Eu, e acredito qualquer pessoa sensata, não teria coragem de desafiar Einstein. Não, isso é diferente de desafiar o pastor da sua igreja. Einstein usou um raciocínio lógico que pode ser checado, o pastor da sua igreja usa fé, que não pode ser verificar, nem checada. O pastor da sua igreja usa seu medo contra você.

Darwin viajou o mundo todo, com recurso próprio, para coletar amostras para propor e defender a teoria da evolução. Mesmo que consigo verificar eu mesmo, como exemplo, observando como beija-flores, ainda assim teria de viajar pelo mundo todo. Os beija-flores parecidos ficam perto, estou me referindo a Antônio Pereira, onde observei isso.

> **PENSADOR**
>
> O Criacionismo da Terra Jovem é essencialmente a posição de que toda a ciência moderna, 90% dos cientistas vivos e 98% dos biólogos vivos, todos os principais departamentos de biologia universitária, cada grande revista científica, a Academia Americana de Ciências e todas as principais organizações científicas do mundo, estão todos errados em relação às origens e ao desenvolvimento da vida... mas uma tribo específica de pastores de cabras não educados e da Idade do Bronze acertou exatamente.
>
> *Chuck Easttom*

Fontes tornam o coletivo mais rápido e inteligentes, mas pode tornar o coletivo burro. Isso ocorre quando usamos WhatsApp como fonte, usamos bob2324 como especialista em ciências políticas, e comentarista de eleições. Novamente, fonte não é aquilo que te faz se sentir inteligente e profeta. Uma boa fonte, em geral, desafia suas ideias e conceitos.

Quando lê somente livros que confirmam suas visões, isso é perigoso. Ler somente livros sobre o Bolsonaro escritos pelo filho senador é bizarro. O filho publicou recentemente vários livros sobre o pai, um atrás do outro. Esse livro que está lendo demorou dois anos, e ainda estou trabalhando nele. Agora, imagine um senador escreve em sequência vários livros sobre o pai. Seria no mínimo suspeito a validade do livro, a validade do conteúdo.

Como diz uma reflexão do Leandro Karnal: se recebe algo que não gosta em uma rede social, está no grupo errado. Fontes geralmente precisam desafiar nossas formas de pensar, infelizmente, redes sociais geralmente não o fazem.

Por que as *fake news* são tão eficientes?

> *O tempo das verdades plurais acabou. Agora vivemos no tempo da mentira universal. Nunca se mentiu tanto. Vivemos na mentira, todos os dias.*
>
> José Saramago, Nobel em literatura

- Cantora do Abba é juíza renomada, segundo grupos bolsonaristas, e atesta irregularidades nas urnas[62];
- Alexandre de Morais foi preso, grupos bolsonaristas comemoram em gritos; isso nunca ocorreu;
- Paulo Freire é colocado como ministro da educação, ele está morto!
- Nikolas Ferreira, liderança bolsonarista, insiste, usando tempo oficial na câmara dos deputados que Lula criou decreto sobre banheiros unissex na convocação do ministro Silvio Almeida, falso[63].

Todas essas notícias falsas podem ser facilmente desarmadas: ou uma simples busca no Google, assumindo que o Google não seja comunista, ou mesmo tendo acesso a fonte confiáveis, como canais tradicionais de comunicação. Esses canais podem responder juridicamente por notícias falsas, bob3434 não.

---

[62] Por que bolsonaristas acham que cantora do Abba é juíza - 07/11/2022 - Ilustrada - Folha. https://bit.ly/4dPs82q
[63] Silvio Almeida desmente fake news sobre banheiro unissex. https://www.youtube.com/watch?v=Ruyq_FVGHpA

> *"O que não pode acontecer é o nosso país se tornar materialista e comunista como está acontecendo."* <u>Deputado Marco Feliciano</u> *tentando vender a ideia de ensinar criacionismo nas escolas. Nunca houve comunismo no Brasil.*

Uma nota importante, que levei tempo para perceber; somente caiu a ficha depois que terminei o vol. II desta série. O 'materialista' nesse contexto é diferente de capitalismo. O que os cristãos insistem é que ensinar somente ciência transformaria as pessoas em 'materialistas'. O que nunca entendi: e daí? Eles falam como se fosse ruim haver pessoas pensativas e racionais. Eles perecem vender a visão de que ter pessoas acreditando em estória infantis seria algo positivo para o cérebro, não é isso. Estudos e estudos mostram que religião tem efeito negativo no pensamento. Como vamos ver no vol. II, existe uma correlação entre religiosidade e incapacidade de detectar notícias falsas. Outros estudos mostram que pessoas religiosas caem mais em fraudes financeiras. Eu já conversei com pessoas religiosas: muitos acreditam em Chupacabra.

Um exemplo interessante ocorreu recentemente: a Jovem Pan teve seus canais desmonetizados pelo YouTube[64], devido ao espalhamento de notícias falsas, não existe regulamentação no *YouTube* como existe na imprensa tradicional. A Jovem Pan ficou conhecida, eu mesmo pude ver uma vez, pelo suporte ao governo Bolsonaro, claramente tendenciosa, e sem grande apreço pelo equilíbrio das reportagens. Não estamos falando de um *influencer*, estamos falando de uma emissora/imrpessa com registro.

Bolsonaristas criaram seus próprios canais de comunicação, geralmente grupos de *WhatsApp* e *Telegram*. Era comum bolsonaristas pedindo publicamente para os patriotas não usarem os canais de notícias tradicionais. Nesses canais, reina a versão deles da realidade[65].

---

[64] YouTube suspende monetização de canais da "Jovem Pan". Leia mais no texto original: https://bit.ly/3TiukHx
[65] Bolsonaristas querem criar 'versão alternativa da verdade' em CPMI, afirma cientista política. https://bit.ly/3XuFdsg

Em um episódio que ficou famoso, uma mulher comprava rádio de pilhas, segundo ela, Bolsonaro havia comunicado uma guerra onde somente rádios de pilhas iam funcionar.

Parece-me, entre outros fatores, as pessoas possuem a visão romantizada da verdade vinda de cidadãos; ou que toda a mídia profissional está comprada, ninguém que trabalha sob código de ética merece ser confiado, que é um paradoxo em si. Se alguém não corre o risco de responder juridicamente, claro que será menos cuidadoso com o que fala. Bob3434 muito provavelmente é um robô, conhecidos como *bots*.

Como disse Alexandre de Morais: criamos uma nova forma de *fake news*. Agora, junta-se eventos sem correlação[66], mesmo impossíveis como o caso de Paulo Freire, ou da cantora do Abba. Abba foi uma banda famosa, ainda famosa, acredito. Não me parece um problema de informação. Eu mesmo verifiquei as informações em segundos no Google. Parece-me um desinteresse completo com a realidade, em saber a verdade, caso essa verdade seja contra os seus interesses. Isso para mim é uma forma de *infantilização*, com todo o respeito às crianças.

Eu sempre fiquei surpreso porque as pessoas não se incomodavam com as mentiras do Bolsonaro. Quando mostrava os números dos sites de checagem dos fatos, eles nunca pareciam incomodados, em geral; pareciam até gostar, apoiar, a mentira seletiva. Os fins não justificam os meios. A integridade deve ser mantida mesmo em momentos de tensão. Como se diz em inglês: *when push comes to shove*. Expressão usada para saber o caráter de uma pessoa. Ser ético quando não há necessidade de pensar não significa nada. O verdadeiro teste de ética vem quando estamos perdendo.

Eu me incomodo quando uma pessoa não tem um contrato com os fatos, não precisa ser uma máquina, mas o descaso total para mim é o limite. Note que acidentalmente espalhar uma notícia falsa não te torna uma pessoa que espalha notícias falsas, eu mesmo já fiz. Uma pessoa me acusou de espalhar notícias falsas porque espalhei que Elon Musk não havia ajudado as pessoas das enchentes do Rio Grande, mas a Madonna ajudou.

---

[66] Não vamos entrar em detalhes técnicos, mas correlação é quando dois eventos possuem conexão. Como exemplo, sol e venda de sorvete possuem correlação, mas venda de sorvete e pessoas chorando não possuem correlação, até onde eu sei. Correlação é uma forma de sabermos se dois eventos possuem alguma ligação física.

Quando publiquei, ele ainda não havia feito nada. Fez depois, doando acesso aos satélites da *Starlink*. Uma vez espalhei que jogadoras deram as costas para a bandeira de Israel. Quando o Facebook me informou e me deu uma fonte, eu removi voluntariamente. Moral da história: procure fazer seu melhor. Contudo, o descaso total é o limite.

Richard Feynman, um dos maiores cientistas de todos os tempos, dizia algo do tipo que infelizmente não consegui achar agora a citação direta: quando gostar de algo, de uma explicação, duvide ainda mais; não aceite uma ideia somente porque gosta, porque soa certa.

Poderíamos dizer que isso seria uma forma de *ilusão da validação*, contudo validado por uma sensação de certeza. Seria como a pessoa assumisse que já nascesse sabendo tudo: soar certo seria um sentimento de certeza do berço; em inglês isso se chama *"gut feeling"*, sentimento do intestino; sim, existem pesquisas que apontam relação desse sentimento com o sistema gastrointestinal.

Sabe quem nunca muda?

Cachorros!

Passam a vida toda lambendo o próprio **** e quando precisam curar as feridas, precisam usar um colar para evitar de lamberem a própria ferida. Nunca mudam, e novas informações não valem de nada!

Existe um senso comum de que pessoas inteligentes não mudam de ideia: errado!

Esses dias estava conversando com um amigo, e disse: eu já fui contra as cotas em instituições públicas, até ler mais sobre o assunto. Isso parece ter gerado um clima estranho. O caso do João Amoedo foi interessante. Ele viu riscos à democracia, o plano de um governo autoritário, e mudou de ideia sobre votar no Bolsonaro[67]. Achei inteligente. O que é mais curioso: pessoas que apoiaram ele nas eleições de 2018, que conheço, não seguiram o movimento. Parece-me: o líder precisa ser uma caixa de ressonância interna, para ser líder.

Qual o sentimento mais comum entre pessoas, mais primitivo?

Uma pesquisa mostrou que pessoas estão se afiliando a partidos por motivos de ódio, ódio de um adversário[68].

A raiva!

Por isso Jessé Souza disse que políticos como o Bolsonaro não precisam fazer nada para a sociedade, somente dar um motivo para odiar[69]. Nesse caso, o PT, Lula para ser mais específico. Para eles, apoiar o Lula seria um atestado de loucura, de concordância com a corrupção. Isso seria a *banalização da razão.*

Infelizmente, nunca houve na história da humanidade um sentimento tão unificador quanto o medo e ódio.

Religião vem explorando isso por séculos. Toda religião se alimenta do medo e da ignorância: medo e ignorância são correlacionados. Todo medo vem da ignorância, e toda ignorância gera medo.

---

[67] João Amoêdo: "O que me fez votar no Lula". https://www.youtube.com/watch?v=6K9t54LXalo
[68] A política do ódio: as pessoas entram na política devido ao ódio do adversário, aponta estudo. https://bit.ly/3XeM47X
[69] Jessé Souza. A elite do atraso: Da escravidão a Bolsonaro. Estação Brasil: 2019.

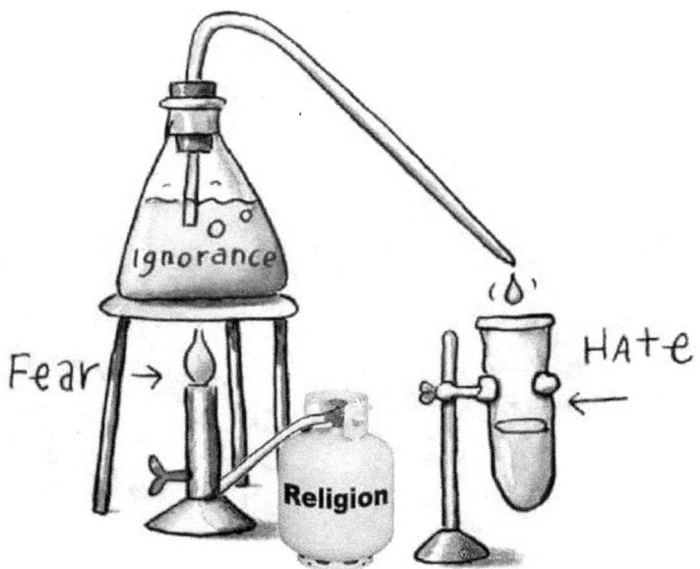

Governos autoritários usam essas armas. Dizem coisas do tipo "vão comer o seu c****", e as pessoas votam por medo.

Fonte: Twitter (2022).

A inteligência é a capacidade de adaptar, as coisas mudaram desde as eleições de 2018: se alguém tinha dúvidas do governo autoritário, e ainda existem pessoas que tem, isso acabou; ao menos para as pessoas minimamente sensatas[70]. O mais curioso é que mesmo com todas as investigações mostrando desde corrupção à tentativa de golpe de estado, as pessoas ainda acreditam

---

[70] BOLSOMINIONS ARREPENDIDOS: DEVEMOS PERDOAR? https://www.youtube.com/watch?v=nRHTxpQcauA&t=1s

nele; similar padrão com Trump agora condenado. Algumas mais discretas, outras mais descaradas.

Ao conversar com um amigo, com curso superior, fica evidente, apesar dele se definir como neutro politicamente, que possui fortes emoções contra Lula e Xandão. De outro lado, fica evidente que ele concorda com os dois, mesmo sem perceber. Ou seja, sem perceber ele concorda com as decisões do Xandão e do Lula em vários assuntos. Quando destaquei isso, ele ficou defensivo, tentou justificar sem aceitar a concordância evidente.

Isso se explica com as notícias falsas, desinformação. Faz com que a pessoa mantenha ativa na mente duas formas contraditórias de pensar. Isso se chama *dissonância cognitiva*. Isso aparece como exemplo quando minimizamos algo sério, como o caso do roubo das joias: o Lula fez também (falso)[71]. O objetivo da dissonância cognitiva é maternos ativos formas contraditórias de pensar, como ser anticorrupção, mas deixar passar o roubo das joias por Bolsonaro.

Estava falando com um amigo de um candidato que quero votar para prefeito, ele não somente está quase limpo, como tem boas propostas. Meu amigo foi rápido em replicar: ele é uma boa pessoa, mas não vai ganhar. O candidato que ele apoio está atolado em denúncias. Pelo menos para mim, ficou evidente a racionalização. Geralmente, fica evidente quando a pessoa responde rápido, sem mostrar qualquer interesse em considerar a informação nova apresentada.

---

[71] Lula devolveu 559 presentes incorporados a acervo pessoal e pagou por itens desaparecidos.
https://www.cnnbrasil.com.br/politica/lula-incorporou-559-presentes-ao-acervo-pessoal-aponta-tcu/

O fato deles acreditarem em mentiras que poderiam ser verificadas no Google em segundos é preocupante. Hannah Arendt tentou achar o mal em uma pessoa presa depois do fim do período de Hitler[72]: não conseguiu achar. O mais próximo que ela chegou: as pessoas pararam de pensar, de indagar, passaram a somente executar ordens. Isso se chama *linguagem de burocrata* na *comunicação não violenta*, com origens similares à Hannah Arendt.

---

[72] Hannah Arendt: significado e experiência viva, com Adriana Novaes. https://bit.ly/3Tdock4

"Hannah Arendt conta que ele e seus colegas [nazistas] davam um nome à linguagem de negação de responsabilidade usada por eles [nazistas]. Chamavam-na de Amtssprache, que se poderia traduzir livremente como "linguagem de escritório", ou "burocratês"."[73]

Eu tenho acompanhado discussões online no podcast *The Atheist Experience*, entre outros, e conversado com pessoas próximas que são cristão. Fica evidente para mim que as pessoas em geral sabem o certo do errado, mas a Bíblia destrói esse senso. Como exemplo, estava falando com um amigo que há muito tempo não via. Ele me disse

---

[73] Comunicação não violenta: Técnicas para aprimorar relacionamentos pessoais e profissionais. por Marshall B. Rosenberg

que era cristão então comecei a conversar com ele sobre a Bíblia. Mencionei que a Bíblia condena homossexualidade. Como pessoa, ele disse não condenar. Temos amigos em comuns que são da comunidade LGBTQIA+. Contudo, como ele disse: a Bíblia condena. Esse padrão se repete: uma pessoa sabe o certo do errado, mas a Bíblia distorce a pessoa. Claro, nunca vamos saber ao certo se a pessoa está usando a Bíblia para justificar seus preconceitos, ou se a Bíblia está distorcendo a pessoa, talvez nem a pessoa tenha isso claro na mente uma vez que a Bíblia desencoraja autoconhecimento, tudo bem de Deus, inclusive, a moral. As duas possibilidades são plausíveis. No budismo, as contradições são para reflexão, mas Bíblia, eles são cegamente aceitos.

"Religião é um insulto à dignidade humana. Sem ela, você teria pessoas boas fazendo coisas boas e pessoas más fazendo coisas más. Mas para que pessoas boas façam coisas más, isso é preciso de religião." Steven Weinberg (Nobel de 1979)

A Bíblia tem tantos problemas que mesmo uma leitura superficial aponta. Temos problemas de tempo, ou seja, eventos ocorre de forma que não seguem uma sequência cronológica. Para um ser onisciente, parece-me bem bizarro. Esse livro menciona diferentes partes antes de ocorre, além de constantemente mencionar os volumes por vir. Não sou onisciente. O que fiz foi ler constantemente o livro, e ir atualizando com o tempo. Esse processo gera a ilusão de onisciência: mencionar algo antes de ocorrer. Esse é somente um dos problemas.

Claro, quando alguém entra em um ciclo que leva a acreditar em *fake news*, isso é uma espiral perigosa; nem é notícias falsas difíceis de checar, chega a ser assustador o que estão acreditando. Em um vídeo no Twitter, que foi replicado no Jornal da Cultura, pessoas choram e comemoram a prisão do ministro Alexandre de Morais; em outro comemoram um tal golpe, claro, nada disso ocorreu. Ou seja, como disse um amigo meu: parecem viver em uma realidade paralela. Ou estamos nós? Diz a reflexão[74]: antes de afirmar que está falando com um idiota, certifique-se que a outra pessoa não está falando com um idiota.

O mais curioso é que bolsonaristas parecem viver em uma realidade única, muito similar ao pensamento religioso. Um religioso parte da verdade, o que acreditam, e preenchem com justificativas. Alguns se dão até o trabalho de usar ciência, como o conceito de "Deus das Lacunas". Na manifestação mais recente, na avenida paulista, o caráter religioso ficou ainda mais evidente. Parecia uma igreja a céu aberto, não um movimento político.

Antes que diga que somos somente nós, isso já vinha ocorrendo nos Estados Unidos, somente fomos contaminados. Mandam para nós somente as coisas ruins: agora o extremismo e teorias da conspiração. Eu venho notando uma similaridade enorme entre os movimentos políticos e religiosos americanos e brasileiros. O caso dos banheiros unissex parece que também ocorreu nos

---

[74] https://bit.ly/3TlzVwP

Estados Unidos. Além da censura de livros que falam de negros que mudaram a história, heróis e heroínas negras.

Toda essa discussão me fez lembrar de trabalhos de Daniel Kahneman[75]. Kahneman, valendo-se de outros autores, observou que pessoas não conseguem diferenciar facilmente realidade de ficção: pode ser um "defeito" da mente humana, ou uma adaptação tendo em vista que usamos estórias durante muito tempo como forma de passar conhecimento entre gerações. Hoje, usamos ciência, que é relativamente nova, comparado com a história da humanidade[76].

Uma história contada repetidamente pode se tornar verdade. Isso pode ser usado para entender porque essas fontes são tão usadas; observei uma repetição de narrativas, como se fosse vozes repetidas em caixas de som, parece sair da boca do líder.

---

[75] Rápido e Devagar: Duas Formas de Pensar. por Daniel Kahneman

[76] Sugestão da leitura: Yuval Noah Harari. Sapiens: A Brief History of Humankind (Sapiens - Uma Breve História da Humanidade)

Isso parece vir de uma dificuldade de separar verdade de repetição. Peguemos o caso da "ditadura da toga".

A expressão "ditadura da toga" tem sido usada frequentemente por certos grupos políticos no Brasil, especialmente por apoiadores de Bolsonaro, como uma crítica ao Supremo Tribunal Federal (STF) e, em particular, a alguns de seus ministros, como Alexandre de Moraes.

O uso repetido dessa expressão é uma forma de construir uma narrativa de que o judiciário estaria exercendo um poder excessivo e fora de controle, supostamente em detrimento de outras instituições.

Problemas com Essa Narrativa:

1. **Funcionamento do Congresso**: O Congresso tem o poder de fiscalizar e, se necessário, de mover processos de impeachment contra ministros do Supremo Tribunal Federal. Se não o fazem, não é necessariamente por medo de uma "ditadura", mas possivelmente por outras razões, incluindo preocupações com sua própria integridade. Parlamentares que temem ser investigados por corrupção podem preferir não confrontar diretamente o STF.

2. **História e Definição de Ditadura**: Historicamente, uma ditadura envolve a concentração de poder nas mãos de um único líder ou de um grupo restrito, geralmente no âmbito do Executivo. Ditaduras são caracterizadas por líderes que tomam o controle do governo, suprimem liberdades civis, censuram a imprensa, e governam sem a interferência de outros poderes. Por isso, a ideia de uma "ditadura da toga" é ilógica, pois o Judiciário, por definição, não tem controle sobre as forças armadas, nem o poder de governar diretamente o país.

3. **Papel Constitucional do Judiciário**: O Judiciário tem a função de interpretar e aplicar a Constituição, incluindo a garantia dos direitos individuais e a manutenção da ordem democrática. Suas ações, quando vistas como excessivas, estão sujeitas ao controle de outros poderes,

como o Legislativo, e ao escrutínio público. Portanto, ao invés de caracterizar uma "ditadura", o Judiciário está agindo dentro de suas prerrogativas legais, mesmo que suas decisões sejam controversas ou desagradem a certos grupos.

A ideia de uma "ditadura da toga" parece ser mais um slogan político do que um conceito que resista a uma análise mais profunda. Ela é usada para questionar decisões judiciais específicas que não favorecem certos interesses, mas não se sustenta logicamente como uma forma de governo autocrático.

Uma vez estava falando com uma amiga e apoiadora do Bolsonaro: parecia ele no debate, parece-me que não checaram um "a" do que ele falou, estavam somente repetindo mudando poucas coisas, nem "telefone sem fio" é tão eficiente. Na entrevista do Flávio Bolsonaro ao Roda Vida, parecia seus seguidores falando. As mesmas narrativas, repetidas em uma entrevista.

Do ponto de vista de cérebro, não conseguimos dizer qual informação é verdade, é confiável:

bob2234 no Twitter ou Jessé Souza da UFABC?

Eu como pesquisador escolheria Jessé Souza, mas notei ao conversar com apoiadores do Bolsonaro que conheço que parecem ter dificuldades de aceitar isso. A origem não sei. Parece-me similar ao movimento anticiência, mais estudado internacionalmente, ou mesmo o movimento da terra plana. Eu tenho uma teoria de que seria o mesmo movimento, e poderia ser estudado como um mesmo conjunto, um mesmo bloco, que gosto de chamar de *cérebro coletivo*[77].

---

[77] Projeto que ando trabalhando, quem sabe não sai outro livro no futuro?!

Sugestão de leitura no nosso blog. <u>O bolsonarismo e o terraplanismo não é a mesma coisa: um movimento é maximamente estúpido</u>

Outro ponto de Daniel Kahneman: não somos bons em estatística.

Isso talvez explica a dificuldade de reconhecer ciência, que um dia diz que ovo faz mal, outro que não. Isso parece ser uma forma de negar toda a ciência, sem considerar gradações, ou mesmo grau de maturidade de cada área da ciência. Ou mesmo o simples fato de que ciência aprende com os erros, diferente de pessoas e governos autoritários. Mais vale um erro por dia, do que 100 por dia[78]: mas essas pessoas não me parecem considerar essa matemática. Quando falei para um apoiador do Bolsonaro de que Lula errou (contou uma mentira) 4 vezes no debate, Bolsonaro 14, não me pareceu ser uma informação importante para o mesmo.

Muitos apoiadores de Bolsonaro dizem não confiar em livros[79]. A argumentação mais usada é que autores escrevem o que querem, por isso, não podemos confiar em livros. Parecem não saberem a diferença entre *Harry Potter* e um livro de história do fascismo. Para eles, ambos os livros são ficções. Talvez, isso explique a dificuldade de separar a Bíblia de um livro de ciência legítima. De saber a diferença de um livro cheio de lendas urbanas, de mitologia, de um livro realmente criado baseado em evidências, em observações concretas.

---

[78]Bolsonaro bate 5 mil mentiras desde 2019; | Política. https://bit.ly/3AWlvvw

[79]A nova tara dos bolsonaristas é a Madonna | "o problema não é seu" 👌 Haddad responde bolsonarista. https://www.youtube.com/watch?v=T8v0jVxwncI

No livro, *Mistake were made, but not me*[80], mostra-se alguns casos interessantes de negacionismo. Similar ao que estamos vendo. Como exemplo, em um caso, uma tal profeta previu o fim do mundo. No dia, o mundo não acabou. Seus seguidores disseram: o fato dela ter previsto, salvou o mundo! E continuaram seguindo a tal profeta. Vejo algo parecido na troca de governo atual: todas as bombas fiscais devem ser desarmadas, ao desarmar, vão negar a existência; dito e feito, ver Como mentir com estatística: Lula, o gastão e outras seções deste livro.

---

[80] Mistakes Were Made (but not by me) | by Jorge Guerra Pires, PhD | Computational Thinking: How computers. https://bit.ly/3XcRjFf

Documentos não são considerados evidências para esse pessoal, mas somente as palavras do líder. Mesmo as palavras do líder são questionadas, em alguns casos: ao pedir a parada dos protestos devido ao prejuízo ao país e medo de ser responsabilizado agora que vai perder a faixa presidencial, alguns começaram a dizer que não era ele, era um boneco, colocado para enganar eles.

Fake news[81] pode estar relacionado ao que foi citado no livro mencionado como "pirâmide do erro". Quando uma pessoa erra, em vez de admitir o erro, para manter sua autoimagem de inteligente, ele continuará errando: isso é dissonância cognitiva.

Eu brinco: nessas situações, essas pessoas precisam achar uma forma de sair sem se sentirem estúpidas. Preferem continuar nadando na ***** do que sair fedendo e tomar banho, e seguir em frente. A Marina Silva errou em apoiar o Aécio, admitiu o erro, e seguiu em frente. Isso é o correto!

Cientistas também são vulneráveis à *fake news*, e a toda as mazelas da mente humana, como viés cognitivo e ruídos.

"Nunca confunda educação com inteligência:

---

[81]Estou usando os termos *Fake news* e notícias falsas de forma igual. Isso porque o termo *Fake news* é mais conhecido. Contudo, termo nosso termo em português. O termo em inglês é mais usado e definido.

> *você pode ser um doutor e mesmo assim ser um idiota"*
>
> Richard Feynman, tradução do autor

Doutorado não é vacina de estupidez, como gosto de brincar, como forma de me lembrar constantemente de que não ganhei um diploma de sabedoria ao conseguir o doutorado, mas somente um rito de passagem, uma formalidade. Somente um carimbo, como gosto de pensar nas universidades.

Gosto de uma resposta do Mr. Miyagi a Daniel Son, quando sugerido de colocar sua medalha de guerra na parede: "isso somente mostra que tive sorte", responde Mr. Miyagi! Doutorado, somente uma medalha de sorte, de que naquele momento, os ventos sopraram a meu favor, gosto de pensar como resposta se alguém pensar que meu doutorado prova alguma coisa.

A diferença entre ciência e pessoas no dia a dia, sem treinamento formal em pesquisa: ciência vem evoluindo, criando formas, imperfeitas, mas melhores do que nada, para limpar a ciência disso.

Gosto desta forma de definir o método científico:

> *"o método científico consiste na escolha de problemas interessantes e na **crítica de nossas permanentes***

tentativas experimentais e provisórias de solucioná-los" <u>Introdução à pesquisa científica</u>

Ou seja, o método científico, onde a ciência senta, é um processo, não um livro escrito há +2.000 de anos, onde se segue o que foi dito. É um processo constante, um processo que pode gerar novas formas de pensar sempre. Ciência, diferente da religião, não é um processo de pensar estático. É uma forma de pensar que responde a novas evidências. A ciência é uma forma de pensamento dinâmico, uma forma de pensar que vem evoluindo. Um cientista nunca pisa em evidências, em fatos.

No caso da Bíblia, eles tem um livro que supostamente tem todas as respostas, inclusive, de tudo que vai ocorrer até o fim do mundo, o grande julgamento. A ciência não, ela tem um método, que é na verdade uma coleção de métodos, para investigar a realidade. Algo que parece irritar religioso: dizemos "eu não sei", quando ouvimos algo pela primeira vez, e vamos atrás das respostas. Isso parece irritar religioso. Nós ateus negamos a versão da morte dos livros sagrados, e não sabemos o que vai ocorrer depois da morte.

Como disse Neil deGrasse Tyson: eu não me preocupo com a morte, da mesma forma que não me preocupo com o era antes do meu nascimento.

Deus das Lacunas é a forma como religiosos afrontam a ciência: enfiam Deus onde não temos respostas ainda

Primeiro painel: "Sua ciência não sabe de tudo!!".
Segundo painel: "Verdade, mas ela tem evidências para tudo o que afirma saber..."

Como exemplo, toda publicação precisa ser revisada e aprovada por cientistas anônimos, não pode ser conhecido. Criou-se o termo "conflito de interesse", para situações onde as vontades humanas podem contaminar os achados, e como consequência, a ciência como um todo, a sua credibilidade. A Bíblia é um conjunto de afirmações onde ela mesmo é a fonte, não tem como verificar externamente. Deus existe porque a Bíblia diz. A Bíblia é a palavra de Deus, porque a Bíblia disse que é. É um sistema circular de argumentação onde a fonte da afirmação diz que ela é a evidência e afirmação ao mesmo tempo.

Outro exemplo, algo que aparece em *Grey's Anatomy*, e uso como exemplo no meu livro "Introdução à pesquisa científica". Meredith Grey troca pessoas dos grupos: ela tira uma pessoa do *placebo*[82], a mulher de Dr. Webb, e coloca ela no grupo ativo. Isso tira a neutralidade do experimento, colocando a intenção humana. Isso gerou quase a demissão, e uma cadeia pesada de eventos. Isso se repete em outra série, em *Chicago MED*.

Isso é sério: não é possível colocar a mão do homem na ciência, quando ela funciona de forma correta. Isso seria similar a tentativas e sucesso de interferir na Polícia Federal pelo governo Bolsonaro. Teoricamente, a PF é uma instituição de estado, não de governo. Isso se chama *aparelhamento do estado*. Não permitimos, e combatemos de forma forte, o *aparelhamento da ciência*! Nem sempre temos sucesso[83], e recentemente, estamos falhando, mas continuamos tentando e lutando.

Curiosamente, a religião chegou a ponto de tentar interferir na ciência, que vem nocauteado ela por séculos consecutivos: pagando cientistas para jogar uma migalha para eles. Essa prática é comum com empresas de tabaco

---

[82] Grupo usado como referência: sem o ativo em teste, sem efeito nenhum na realidade. Como exemplo, em alguns remédios, como placebo, usa-se pílulas de açúcar. A ideia é evitar que a pessoa melhorar por "acreditar", por força da vontade. Isso já foi observado: nossas crenças podem afetar nosso estado físico. Ou seja, ao pensar que algo tem poder curativo, isso pode fazer com que você se cure.

[83] O sofisticado nepotismo das universidades brasileiras. https://terracoeconomico.com.br/o-sofisticado-nepotismo-das-universidades-brasileiras/

e videogames: eles pagam pesquisadores que se corrompem para fazem pesquisas, ou publicarem pesquisas, com conflito de interesse, sem dizer nada ao público no artigo.

> Primeiro, devo confessar (provavelmente essa é a palavra certa) que a conferência foi patrocinada pela Fundação Templeton. A plateia era composta por um pequeno número de jornalistas de ciência escolhidos a dedo, vindos da Grã-Bretanha e dos Estados Unidos. Eu fui o ateu de plantão entre os dezoito palestrantes convidados. Um dos jornalistas, John Horgan, relatou que cada um deles havia recebido a considerável quantia de $15.000 para participar da conferência, além de todas as despesas pagas. Isso me surpreendeu. Minha longa experiência em conferências acadêmicas não incluía casos em que a plateia (em oposição aos palestrantes) fosse paga para participar. Richard Dawkins (Deus um Delírio)

O bolsonarismo e o terraplanismo não é a mesma coisa: um movimento é maximamente estúpido

Nesta seção, vou sair em defesa dos terraplanistas, que são constantemente igualados aos bolsonaristas. Apesar de tentarem provar que a terra é plana, eles tentam com experimentos.

Anteriormente, afirmei que eram primos-próximos. Também afirmei em algum ponto desta obra de que pode ser estudado da mesma forma, ou seja, podemos usar estudos já feitos do movimento terraplanismo para entender o bolsonarismo. Contudo, acho que o bolsonarismo é ainda mais burro do que o movimento anticiência.

O que tenho observado: na incapacidade de entender o bolsonarismo, que não deve ser colocado como trivial, muitos apelam para certas generalizações perigosas, como "bolsonarismo e terraplanismo sãos as mesmas coisas", não são como destaco neste livro. Outro ponto, como estressei nesta obra:

> *Bolsonarismo não é burrice no sentido geral, nem falta de educação formal.*

Umas das coisas mais erradas que vejo é pessoas associarem o bolsonarismo a pessoas pobres, e de baixa escolaridade. Bolsonarismo é coisa de pessoas ricas, e com alto nível de escolaridade. Frases como, muito comum nas redes sociais: "estude para não virar bolsonaristas", somente tiram o foco da origem. Isso coloca o foco nos mais pobres. Sim, existe pobre de direita, contudo, isso é mais falta de consciência de classe do que um movimento legítimo da classe mais pobre. Bolsonarismo é um dos únicos movimentos que conheço que defende os mais ricos, o status quo. Movimentos políticos geralmente é para melhoria de alguma classe excluída, sem voz. Contudo, o bolsonarismo é para deixar tudo como está, não mexam em nada.

Eles têm muito em comum, um desses fatores, é negacionismo. Negacionismo é a negação de teorias preestabelecidas sem evidências para uma nova teoria; ou mesmo, negação de fatos reais.

O exemplo que falamos é a negação dos resultados das urnas, sem prova alguma. Em algum ponto desta obra, falamos da estatística: a estatística não trabalha com certeza, trabalha com a possibilidade de novas evidências surgirem. Isso é o melhor que podemos fazer, melhor do que paranoia, de viver o tempo todo pensando no que poderia ocorrer, sem evidências para corrobora com os nossos anseios.

Mas, o bolsonarismo fez os terraplanistas soarem interessante, e válido. Vou explicar o porquê. Os terraplanistas pertencem a um grupo que chamamos de *negadores da ciência (science denial)*. Existem muitas discussões nesta direção, sendo um tópico bem mais explorado do que o bolsonarismo. No mundo da ciência, nem todos concordam que devemos ignorar os negadores da ciência. Eu sou um dos que acho interessante estudar esse grupo, mas com respeito.

Precisamos aprender o que gera essa negação, e descobrir formas de evitar que os jovens entrem nesta onda: os mais velhos já estão com o pé na cova!

Por isso, acho que o bolsonarismo precisa ser considerado cientificamente, não negado e ridicularizado; por isso escrevi esse livro. Geralmente, ignorar problemas sociais não os fazem sumir, somente piorar. O bolsonarismo estava aí há anos. Como exemplo, uma pesquisa muito antes do bolsonarismo mostrou que uma parcela muito pequena da população sabia o que era democracia, e que vivíamos em uma. Pesquisa recente mostrou que quase metade da população não viu os ataques de 8 de janeiro como uma tentativa de golpe, mas simples como vandalismo[84].

> *Como podemos educar nossos jovens para evitar a violência do bolsonarismo? Como podemos evitar o radicalismo do bolsonarismo?*

Uma diferença grande é que os terraplanistas usam experimentos científicos. Ou seja, respeitam o jogo democrático da ciência, o que os bolsonaristas não fazem, nem mostram interesse de fazer: nem com ciência nem com a democracia. Basicamente, são forasteiros, marginais. Marginais são pessoas que vivem fora da lei, que não respeitam leis.

> *Como assim, os terraplanista usam o método científico?*

Sim, e existem muitos vídeos no YouTube mostrando os experimentos deles, eles erraram no rigor ao construir os experimentos, tentaram encarar um problema maior do que eles, mas valorizo a coragem. Outro erro é: quando podemos ver com os olhos, estimações não fazem sentido. No momento, estimamos o tamanho e

---

[84]Maioria da população considera 8 de janeiro um ato de vandalismo, segundo Datafolha.
https://www.brasildefato.com.br/2024/03/30/maioria-da-populacao-considera-8-de-janeiro-um-ato-de-vandalismo-segundo-datafolha

composição de planetas distantes, mas quando chegarmos lá, não haverá mais necessidade. Não há sentido estimar o formato da terra mais, agora, podemos ir direto à fonte, podemos ver. Não há sentido ler em braile se voltar a ver!

Usar o método científico não garante necessariamente chegar no resultado correto. O método científico é um método, uma forma de resolver problemas. O ponto de partida conta. Se parte de um ponto de partida errado, vai chegar no lugar errado. Por isso, geralmente, consideramos os trabalhos de outros pesquisadores, e geralmente, continuamos desse ponto. Não reinventamos a roda quando ela já existe, construímos algo em cima da roda quando for o caso.

Existem furos na teoria da terra plana, apesar de usarem o método científico[85]. Ver meu curso online *"Introdução à pesquisa científica"*.

A terra não foi provada ser redonda de uma vez, e a teoria da terra plana é antiga, era o modelo tradicional. Ou seja, o terraplanismo já esteve no poder, e já deram as cartas. Somente foram varridos por evidências, a mais forte seria a própria terra, primeira foto em 1968. Falamos de evidências neste livro, e como isso deveria fazer parte da vida dos bolsonaristas.

---

[85]Usando o método científico para provar que a terra é convexa: Possível furo #1. https://www.youtube.com/watch?v=qicwV8X7Pfk&t=74s

Primeira foto da terra em 1968. Fonte: Twitter.

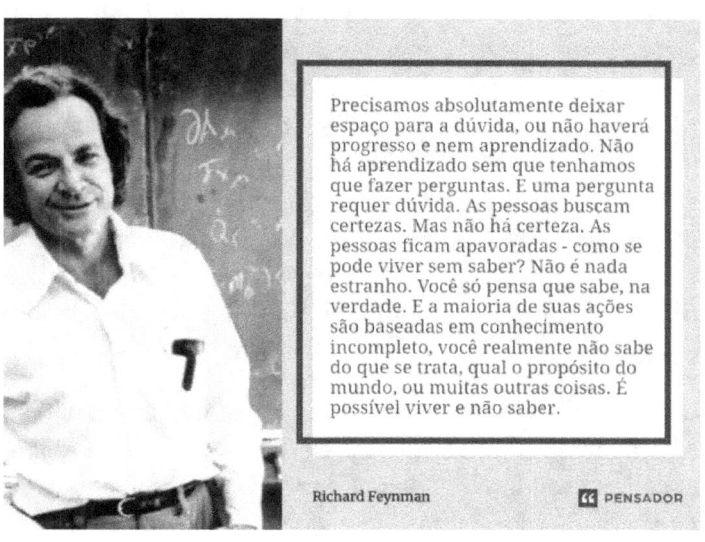

Precisamos absolutamente deixar espaço para a dúvida, ou não haverá progresso e nem aprendizado. Não há aprendizado sem que tenhamos que fazer perguntas. E uma pergunta requer dúvida. As pessoas buscam certezas. Mas não há certeza. As pessoas ficam apavoradas - como se pode viver sem saber? Não é nada estranho. Você só pensa que sabe, na verdade. E a maioria de suas ações são baseadas em conhecimento incompleto, você realmente não sabe do que se trata, qual o propósito do mundo, ou muitas outras coisas. É possível viver e não saber.

Richard Feynman

> É melhor ter perguntas que não podem ser respondidas do que ter respostas que não podem ser questionadas
>
> Richard Feynman

Posto desta forma, não ofendam os terraplanistas, por favor. Eles somente querem provar que a terra é plana. Um estudo levou 7 anos, no Brasil, e foi premiado; não estou discutido o valor da premiação, sua validade, estou dizendo que eles tentam, se esforçam. Assumindo que os bolsonaristas jogassem o jogo democrático, teriam meu respeito, mesmo que discordassem das ideias. Intervenção militar é contra o jogo democrático, já sabemos onde isso vai dar. O *Templeton Prize* é uma premiação para pessoas que dizem algo legal sobre religião, segundo Richard Dawkins. Marcelo Gleiser, físico brasileiro, recebeu esse prêmio, cujo valor é maior do que o prêmio Nobel.

O mais curioso, ao conversar com uma pessoa que não se incomoda com golpe militar: ele nega que houve golpe. Ela é uma senhora de idade, segundo ela, nada mudou na época da ditadura; inclusive, negando tudo que se fala da ditadura, como perseguição a Paulo Freire e Chico Buarque. Ela também nega racismo, que exista, e que LGBTQI+ são tratados com falta de respeito. Segundo ela,

ela cresceu com gays e negros, nunca houve racismo nem preconceitos contra gays. Imagine uma pessoa branca, hétero, falando da dor dos outros. Por mais que respeite essa senhora, não podemos ver o mundo somente das nossas lentes. Somente um negro sabe do racismo que sofre, da dor que sente diariamente.

A prática de negar os sentimentos dos outros, dizendo como exemplo de que está exagerando, é uma forma de abuso emocional, e se chama *gaslighting*.

Não existem forças armadas como poderes na democracia, militares são organizações de estado, não uma instituição independente.

Sugestão de vídeo no YouTube: Em entrevista ao Roda Viva, Sidarta Ribeiro fala de alunos dele que acreditam que a terra é plana. A Terra é plana?

Sidarta Ribeiro comenta popularização de teorias e informações falsas

Houve irregularidades nas urnas em 2022?[86]

De forma simplificada, o sistema de votação funciona assim: i) preparação ii) ida às urnas; iii) votação.

Indo direto ao ponto: *o pessoal parece confundir essa cadeia de eventos*. Vamos voltar nisso no vol. III, onde vamos falar de correlação entre eventos e como isso leva

---

[86] Versão em blog, com vídeos e atualizações: https://www.jovempesquisador.com/post/houveram-irregularidades-nas-urnas-em-2022 . Cupom: eleitoresconvidados. Sempre use esse cupom no site, e acesse qualquer postagem!

pessoas a conclusão equivocadas, também falamos sobre isso no vol. II.

Parece-me uma incapacidade de enxergar o que aprendemos dentro da sala de aula, em um curso de engenharia. Por isso o motivo deste livro, para as pessoas que querem sair da ignorância, como eu mesmo quando comecei a me interessar por política: comecei com as narrativas populares, com a ignorância coletiva. Aos poucos, lendo e pensando, comecei a formar meu pensamento independente. Que deve ser a regra. Existe um motivo por que Paulo Freire virou inimigo número 1 do Bolsonaro e sua turma[87]: prega liberdade e autonomia do pensamento. Similar padrão ocorre no Irã, segundo amigo meu iraniano e revoltado, nesse caso contra Paulo Coelho. O que me assusta é a similaridade do mundo bolsonarista com o Paquistão.

Não me parece que podemos falar de fraude se ocorre problemas antes da cabine. Digamos, se houve problemas na contagem de votos, isso seria fraude, mas antes não é! Para evitar esses erros, o sistema eleitoral foi melhorado com o tempo. Um exemplo seria a impressão da contagem dos votos antes do início para evitar urnas grávidas, processo que ocorria antes no voto impresso. Outro exemplo seria a falta de conexões com a internet, para evitar ataques.

A grande pergunta não deveria ser se houve fraude nas urnas, mas se existe algum sistema sem fraude. O veto impresso foi usado por décadas, e existem inúmeros

---

[87] Por que a extrema direita elegeu Paulo Freire seu inimigo. Leia mais no texto original: (https://www.poder360.com.br/brasil/por-que-a-extrema-direita-elegeu-paulo-freire-seu-inimigo-dw/)

exemplos de fraudes. Já para a urna eletrônico, somente acusações[88].

Similar à religião, essa ideia pode ser facilmente derrubada com evidência. Esse exemplo e outros me levam a concluir: o bolsonarismo é o cristianismo, mesma forma de pensar, mesma forma de "argumentar", de empurrar agendas. O cérebro por trás é o mesmo, a mesma forma de funcionar. Afirmação que devemos aceitar na fé, sem evidências, ignorando evidências quando apresentadas.

---

[88] Para especialistas, ataque às urnas eletrônicas constitui uma estratégia para tumultuar a disputa de 2022, além de indicar um retrocesso. Em 2020, campanha nas redes sociais contra o atual modelo superou a de 2014, ano de eleição presidencial. https://bit.ly/4c1VvNM

> **Curiosidade**: o TSE chama hackers periodicamente para atacarem o sistema, como forma de testar a resiliência das urnas. Essa forma de teste é usada por grandes empresas como a Apple. Ver artigo: "<u>Você sabia? Urna eletrônica é colocada à prova por hackers em um Teste Público de Segurança</u>"

Seria o sistema 100% seguro?

Acredito que não, nenhum sistema é 100% seguro. O sistema impresso é ainda menos seguro, especialmente, por que não deixa rastros. O Brasil usou o voto impresso por décadas, e existe a experiência para nos ensinar que o voto impresso é menos seguro e confiável do que o voto eletrônico.

Contudo, mais seguro do que o anterior, que realmente havia fraudes. A grande diferença seria similar ao governo Bolsonaro vs. Lula: no governo Lula, era mais fácil ver a corrupção; Bolsonaro criou formas ou de tornar a corrupção legítima, como o orçamento secreto, ou colocou em sigilo, como o sigilo de 100 anos.

Como exemplo de tentativas de invalidar as eleições, sem sentido prático. Uma argumentação que ganhou força, inclusive aparece em um dos meus vídeos onde tento explicar em inglês, para o público internacional, que não

houve fraude[89]. Uma das respostas, que curiosamente a pessoa colocou em várias línguas, inclusive japonês e Russo: algumas cidades somente tiveram votos do Lula. Isso prova a fraude. Na verdade, não, isso não prova. Houve também o oposto, algo que eles não mencionam. Infelizmente, socialmente, podemos criar leis, algo que não ocorre na física. Contudo, essa negação gera custos sociais, como a negação do racismo durante o governo Bolsonaro, ou mesmo da desigualdade entre mulheres e homens no trabalho.

A negação do racismo é algo interessante. Agora, tem pessoas negando o racismo, dizendo que nunca houve racismo, que foi uma criação de acadêmico. Claro, em geral, são pessoas brancas. Ou seja, essa negação em geral vem do privilegiado.

---
[89] https://www.youtube.com/watch?v=y9V4OYoijx4

O racismo sempre existiu, Bolsonaro deu a eles o poder de justificar, a normalização. Até pouco tempo, se dizia na cara do preto: preto safado. Agora, negam o racismo. É somente uma forma mais sofisticada de dizer: preto safado. Negar o racismo é somente uma forma nova de dizer que ele deveria trabalhar, como o branco honesto, cidadão de bem, para conseguir o que quer. Racismo é somente uma forma da esquerda roubar o branco trabalhador, do preto safado não trabalhar para conseguir o que quer.

Sugestão de leitura. Meu livro <u>A armadilha da meritocracia: Por que "o céu é o limite" não é verdade</u>

> **PENSADOR**
>
> Por mais que me parta o coração dizer isso: o bolsonarismo mostrou o monstro dentro de cada pessoa. Pessoas bondosas não somente votaram no Bolsonaro como ainda o apoia. Existem duas possibilidades: esse mostro sempre existiu, ou foi criado.
>
> *Jorge Guerra Pires*

O que é mais curioso: os dois lados tiveram esse fenômeno, mas os negacionistas somente apontam um lado[90] para criar confusão. Ou seja, o fato de uma cidade somente votar em um candidato ocorreu para os dois lados, contudo, algo que eles vêm fazendo, somente se faz barulho no contra, nunca pensando nos dois lados: isso se chama *tendência de confirmação,* termo que venho repetido nesse livro em vários pontos, um viés cognitivo, o mesmo bichinho que torna as *fake news* possível, somente se vê o que é de interesse, somente se repassa o que acredito.

Ghisellini, F; Chang, Beryl. Behavioral Economics, p. 95

---

[90] Em 147 seções eleitorais, Lula ou Bolsonaro tiveram todos os votos válidos, apesar da polarização. https://oglobo.globo.com/politica/eleicoes-2022/noticia/2022/11/em-147-secoes-eleitorais-lula-ou-bolsonaro-tiveram-todos-os-votos-validos-apesar-da-polarizacao.ghtml

O que vi em várias pessoas se declarando neutras, em conversas casuais, tanto online quanto pessoalmente: o volume das emoções é aumentado somente quando certos tópicos entram na conversa. No restante, isso não inclui a corrupção do Bolsonaro, a pessoa dá um de neutro e equilibrado. Não se declara apoiadora do bolsonarismo, mas somente ataca o PT e Lula[91].

---
[91]Anti-petismo e bolsonarismo é a mesma coisa, estatisticamente falando.
https://jorgeguerrapiresphd.wixsite.com/cientista-popular/post

Geralmente, elas começam atacando o Lula e Xandão. Quando você mostra para elas de forma educada que elas estão desinformadas sobre tudo, usam o discurso de que sou neutro. O discurso é meramente uma forma de sair pela tangente, e nunca procurar confrontar a desinformação, a dissonância cognitiva. Existe também alguns que aprenderam termos como: fake news e tendência de confirmação, e te acusam disso ao procurar se informar em fontes confiáveis.

Como exemplo, estava esperando o dentista. Uma pessoa ao meu lado falava de fraudes nas urnas. Expliquei para ela que não havia qualquer evidência, e a convidei a pesquisar mais. Ele disse que existem muitas fake news por aí. É óbvio que essa senhora está usando fake news para se informar sobre as urnas. Outra senhora me acusou de ler somente o que eu quero ler: tendência de confirmação. Enquanto ela me despejavas as mentiras, como um suposto relógio de diamentas que a Janja ganhou, eu ia retornando com informações. Ao escrever esse livro, tive de pesquisar muito. Acabei virando uma máquina de desarmar fake news. Não porque tenho boa memória, é que a diversidade é baixa. Eles espalham as mesmas mentiras, as mesmas que aparecem nas redes sociais, que sigo diariamente.

No início, fica difícil porque eles esperam que somente você cheque as informações, que eles espalham. Similar aos religiosos que transferem o ônus da prova ao descrente, eles querem que você tenha um computador no cérebro capaz de rebater qualquer informação, em tempo real, que eles despejam sem nunca terem tido o trabalho de checar antes de espalhar. Eles querem que

---

/anti-petismo-e-bolsonarismo-%C3%A9-a-mesma-coisa-estatisticamente-falando

você faça o trabalho que eles deveriam ter feito. Antes de compartilhar algo, cheque a veracidade.

A afirmação de que "*provar uma negativa é impossível*" é um princípio frequentemente discutido em filosofia, lógica e ciência. A ideia é que, enquanto a prova de uma afirmação positiva pode ser fornecida através de evidências ou demonstração, uma afirmação negativa, como a inexistência de algo, é muito mais difícil, senão impossível, de provar definitivamente. Isso é particularmente verdadeiro em contextos onde a entidade em questão é imaterial ou metafísica, como no caso da existência de Deus.

A ausência de evidência não é necessariamente evidência de ausência, e assim, muitos argumentam que crenças como a existência de Deus são questões de fé mais do que de prova empírica. O adágio "*o que pode ser afirmado sem evidência, pode ser rejeitado sem evidência*" é conhecido como o *Princípio de Hitchens*, nomeado após o autor e crítico Christopher Hitchens, sugerindo que se algo não é fundamentado em evidência, então não há necessidade de considerar sua rejeição como infundada. Essa perspectiva é central em muitos debates sobre crenças e conhecimento e destaca a importância do pensamento crítico e da evidência na formação de conclusões válidas.

Seria como eu dizer que vi um fantasma, e exigir que você prove. Os mais racional é a pessoa que viu o fantasma provar que os fantasmas existem, não a pessoa que ouve. Se uma pessoa apresenta uma informação, o mais correto é a pessoa que apresenta provar a veracidade, não reverter a lógica.

Conversava com uma pessoa que não confia nas urnas, e ela queria que eu provasse que as urnas são seguras.

Queria que eu passasse meses lendo códigos, todos públicos, para provar que as urnas são seguras. Quem desconfia das urnas é a pessoa, que deveria provar as fraudes é a pessoa, não eu. Ler códigos, e vasculhar, pode levar meses, até mesmo anos. Mesmo os programas mais simples, podem ter mais de mil linhas de códigos. Os códigos das urnas são públicos.

Dissonância cognitiva é quando carregamos duas ideias contraditórias: sou contra corrupção, mas fico em silêncio quando fico sabendo do Bolsonaro, que votei. Não voto em ladrão, mas votei em uma pessoa que desviou joias públicas, onde a leia dizia claramente que era do estado. Então falo que a Janja recebeu um relógio cravado de diamantes, ignorando que diferente de Bolsonaro, ela registrou o relógio, como presente[92].

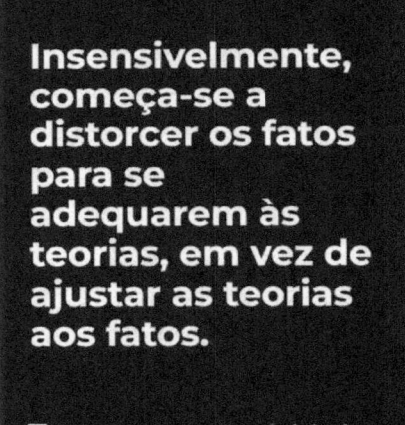

---

[92]Casal Lula e Janja já ganhou relógio dos Emirados e vaso do Partido Comunista chinês; veja lista. https://bit.ly/4bNvFgl

Deixe-me explicar duas coisas importantes. Como exemplo alternativo, quando o pessoal do Bolsonaro tentou criminalizar as pesquisas eleitorais, uma questão científica, não política, somente colocaram no relatório os resultados que erraram, e não colocaram os que colocavam ele na frente[93]. Ou seja, somente enxergo aquilo que é contra mim, o mundo precisa e deve ser uma caixa de ressonância do meu saber: isso se chama paranoia, ou mesmo, burrice, fundamentalismo.

Imagine Einstein tentando impor no universo uma quarta dimensão! Como brinco desde novo: você pode negar que uma pedra cai de uma forma, como determina a física, mas ela vai cair, e sugiro que saia da frente! A natureza não dá a mínima para os negacionistas!

"Duas urnas com resultados antagônicos numa só cidade. Em uma,

---

[93] Nova metodologia no segundo turno: parece que acertaram na mosca! https://www.jovempesquisador.com/post/nova-metodologia-no-segundo-turno-parece-que-acertaram-na-mosca

o presidente eleito Luiz Inácio Lula da Silva (PT) garantiu todos os votos válidos do segundo turno. Na outra, 100% foram para Jair Bolsonaro (PL). Pode parecer roteiro de fake news, mas aconteceu em Charrua, no noroeste do Rio Grande do Sul." <u>O Globo</u>

Sim, estatisticamente falando, isso é possível. Isso seria equivalente a dois cenários, todos possíveis: i) a cidade é unida, e se alinhou com somente um candidato; ii) houve irregularidades, mas não nas urnas, mas com autoridades ou criminosos locais, isso é um problema não das urnas, mas sim para investigação pelas autoridades. Existem também a possibilidade de fraudes: mas os dois lados praticaram. Isso significa que não faz nenhum sentido punir somente um lado.

A compra de votos sempre foi uma prática: isso é um problema nacional, não do PT ou do Lula. Como exemplo. Meu pai ganhou uma mesada por apoiar o candidato local, e orientou todos a votarem nele; eu me recusei, e gerou conflito! Se alguém, por qualquer motivo, decide praticar irregularidades em nome do Lula, assumindo que não houve pedido direto ou indireto, as pessoas precisam ser punidas; não o Lula. Existem inúmeros vídeos fakes usando o nome do Drauzio Varella, vendendo medicamentos sem comprovação científica. Quem tem que ser punidos são as pessoas, e as plataformas que permitem isso, não o Varella.

Agora vamos olhar estatisticamente. 2,1 milhões de votos para Lula a mais, foi o resultado final. Onde uma pequena cidade tem esse número de habitantes? Ou seja, isso não justificaria o cancelamento das eleições, dado o custo e tempo para se fazer eleições. Em alguns lugares, urnas chegam de helicóptero.

As pessoas esquecem, ou mesmo não pesquisam: as urnas antigas tinham uma quantidade muito maior e fácil de fraudes. Entre eles, as urnas grávidas. O curral eleitoral é uma tradição maldita no Brasil, não do PT, não do Lula.

> *"No Mato Grosso, apesar da vitória de Bolsonaro com 65,08% dos votos, **áreas indígenas de Confresa** e de outros quatro municípios (Porto Alegre do Norte, Campinápolis, Santa Terezinha e Peixoto de Azevedo) deram 100% dos votos válidos para Lula."* <u>O Globo</u>

Bolsonaro sentou fogo nos índios, *por que um índio em sã consciência ia apoiar o Bolsonaro?*[94] Bolsonaro não demarcou terras, e deixou a invasão ilegal de terras indígenas correr solto.

Ou seja, nesse caso, houve um alinhamento social, nada de errado, nada de irregular.

---

[94] Nesta entrevista, fica evidente o respeito que Lula tem entre os índios. Roda Viva | Davi Kopenawa | 15/04/2024: https://www.youtube.com/watch?v=davOEBFhU0U&t=3179s

Governos fascistas fazem isso: impedem que as pessoas se organizem, como Bolsonaro tentou criminalizar movimentos sociais. Seria irregular proibir isso, proibir que pessoas voluntariamente se alinhem, consigam se organizar, e pensar no bem comum. A prova de que a decisão dos índios foi assertiva veio agora no começo do governo Lula: pela primeira vez na história, temos um ministério dos Índios! Na posse, os índios também subiram a rampa!

Posse: 1 de janeiro de 2022

Imagine que estou jogando um dado. Cada face tem probabilidade de 20%. Agora imagine que criminalize ocorre duas vezes a face 4, ou mesmo 6 vezes. A probabilidade, estatisticamente falando, abaixo.

probabilidade	mesma face
20%	1
4%	2
0,006400%	3

0,0000000000000000000%

Esses números são calculados usando estatística, geralmente, ensinada no ensino médio.

Apesar de ser pequena, isso pode ocorrer. Alguns chamam isso de *cisne negro*. Cisne negro é um evento estatisticamente improvável, mas que ocorre. Isso derruba mercados, e derrubou um governo de lunáticos!

Não faz sentido, cientificamente falando, criminalizar orientação social e legítima em torno de um único candidato. O que é crime, o que ocorreu muito no passado: curral eleitoral. O sintoma é o mesmo para quem ver, mas um é a sociedade exercendo a democracia, o outro são pessoas ricas tentando impor seus interesses na maioria. O sistema feudal e opressor. Devemos lutar para acabar com isso, a todo custo; não o alinhamento social e legítimo, mas o curral eleitoral.

Bolsonaristas usam o que chamo de *argumentação papagaio*. Seria parecido com duas crianças discutindo. Uma diz: eu te odeio dez vezes; a outra responde, eu te odeio 1.000 vezes; eu te odeio infinito; eu te odeio infinito ao quadrado. Isso vai infinitamente.

Eles meramente repetem o que você acusa eles, baseado em evidências, mas repetem sem qualquer conhecimento do termo. Eles devolvem como papagaios. Papagaios, papagaios de verdade, foram excluídos do zoológico por ficarem xingando os visitantes[95]. Eu tenho quase certeza de que os papagaios não tem nenhuma ideia do porquê foram isolados de humanos, eles simplesmente repetem o que ouvem as pessoas dizerem.

---

[95] Papagaios são isolados em parque ecológico após xingarem visitantes. https://bit.ly/4bCdQBj

Suponha que vai abrir uma empresa, e vai alavancar. Isso significa que vai pegar empréstimos.

Em quem confiaria mais: um açougueiro ou em um contador?

Para trabalhar com alavancagem, precisa saber o conceito de valor presente. Isso significa trazer a dívida para valores presentes. Ou seja, vai pagar a dívida no futuro, mas precisa trazer para valores atuais. Similar, quando um bolsonarista acusa a esquerda de ser nazista[96], não existe nenhuma evidência disso. Especialistas, que trouxeram o nazismo para o contexto atual, concordam que era um movimento de direita, extrema direita. Claro, dizer que o nazismo é um movimento de direita, sem considerar o contexto, seria errado. Contudo, o mais bizarro é dizer que é de esquerda. Eles usam uma argumentação tosca: o nazismo era ligado ao partido dos trabalhadores, sem considera o contexto da época.

"Outro ponto importante está na confusão acerca do nome do partido: Partido Nacional-Socialista dos Trabalhadores Alemães. Essa nomenclatura fazia parte da propaganda do partido para atrair pessoas. Nesse sentido, utilizavam-se termos de dois movimentos bastante populares à época: o nacionalismo e o socialismo. Ambos os movimentos tinham inúmeros adeptos na

---

[96]Como sempre, a fonte das bobagens é o Bolsonaro. Bolsonaro diz não ter 'dúvida' de que nazismo era de esquerda. http://glo.bo/3xe9PUB

Alemanha da época."⁹⁷

"Aprendi muito cedo a diferença entre saber o nome de algo e saber algo."
Richard P. Feynman

Sugestão de discussões online

- Diego Aranha, professor defensor do voto impresso, rebate bolsonaristas sobre urnas. BBC News Brasil. https://www.youtube.com/watch?v=M3jMoh4zWjg&t=2s

---

⁹⁷Veja mais sobre "Afinal, o nazismo era de esquerda ou de direita?" em: https://brasilescola.uol.com.br/historiag/o-nazismo-era-esquerda-ou-direita.htm

A curiosidade e o método científico: o que move a ciência são perguntas, não certezas[98]

"Fazer pesquisa e não ganhar nada"

Kawoana Vianna bem-vinda ao mundo da pesquisa, pelo menos ao que realmente muda alguma coisa nesse planeta; será se Einstein foi pago o suficiente em vida? Reconhecimento e ciência geralmente não andam de mãos-dadas.

Boa pesquisa não sabe onde vai chegar

Eu sempre repito isso aos meus alunos, os que atendo online. Antes que algum apressadinho me ataque: existe uma diferença entre não saber onde chegar no contexto da pesquisa e no contexto de "Vida, leva eu! (Deixa a vida me levar)".

No contexto da ciência, seria pesquisa com a mente aberta para mudar trajetória. Fomos infectados por um vírus da certeza, onde espera-se saber de tudo. Alguns

---
[98] Publicação original: https://bit.ly/3zagCQc

parecem apontar para uma contaminação vinda do taylorismo: movimento que afirmava ser possível medir tudo. Ver minhas reflexões em "Punidos por Métricas" no campo da pesquisa.

Einstein dizia:

> *Não conseguimos resolver um problema com base no mesmo raciocínio usado para criá-lo.*

Também disse ao responder seu assistente:

> *A pergunta é a mesma, mas a resposta mudou*

O que burocratas nos obriga a fazer é fechar as respostas a perguntas, mesmo sabendo que respostas não movem pesquisa. Como alguns defendem, nem mesmo trabalhos simples podem ser descritos sem contratempos, sem a necessidade de adaptação durante o caminho.

Não há nada de errado em definir digamos o caminho inicial, mas devemos ficar atentos que o processo de pesquisar em si cria novas formas de pensar. No caso de um doutorado, em teoria, o doutorando aprende durante a caminhada. Fechar a pesquisa seria fechar as portas para novos crescimentos, novas perguntas, novos conhecimentos.

Vivemos em um ambiente onde quando se fala que "errei", "minha pesquisa estava errada", significa que você é ignorante e estar perdido, como ouvi no contexto do postdoc duas vezes; todos nós estamos perdidos, alguns admitem, outros não. Alguns escondem os erros, ou jogam seguro, somente fazem o que gera resultados com certeza. Isso seria o que Einstein parece ter dito: "o lado mais macio da madeira". Novamente, ver minhas reflexões em "Punidos por Métricas" no campo da pesquisa.

Talvez devido ao *Publish or Perish* - sistema focado em publicação em massa - estamos cada vez mais certos de onde vamos chegar: o que ao meu ver é um erro fatal para a criatividade. Isso não somente gera certezas durante o processo, que não deveriam existir, como penaliza pessoas que buscam novos horizontes para suas pesquisas.

> **Pausa para reflexão**. Na língua portuguesa temos as palavras: "eficácia" e "eficiência". A primeira diz de acertarmos o alvo, a segunda de sermos criativos, mas nem sempre acertamos o alvo. Uma definição de genialidade que gosto é de Arthur Schopenhauer, colocando nas minhas palavras: genialidade é quando acertamos o alvo que ninguém viu, talento é quando acertamos o alvo que consideravam impossível. Ou seja, o gênio é eficiente, o talentoso é eficaz. A ciência está ficando eficaz, e deixando de ser eficiente. Empresas deveriam ser eficazes, não a ciência.

Eu mesmo quando escrevo, gosto de mudar de opinião e de caminho. Como exemplo, tenho vários livros nunca terminados no meu computador: comecei, mas no meio do caminho, notei que faltava algo. Isso seria digamos pesquisa para escrita. Mas pesquisa para pesquisa mais prática, funciona de forma similar. O processo criativo parece universal, incluindo artistas que jogam tinta no quadro para ver o que sai.

Somente por curiosidade, Einstein chamou um prêmio Nobel de literatura para conversar, para entender como eles pensam. Einstein concluiu que o processo dele era o mesmo! Como gosto de brincar: o poeta coloca seus pensamentos e equações em forma de poemas.

Eu sempre odiei cronogramas de projetos, raramente cumprimos eles, mas somos obrigados a enviar para as agências: o estudante que acompanho agora está com medo do que escrever, e concordo com ele, ninguém sabe o que escrever, a não ser que saiba as manhas de lidar com burocratas, que leva tempo para aprender.

Até quando vamos ser guiados por burocratas, que no melhor cenário um dia fez doutorado?

Meu medo é pegar um burocrata que vai ficar comparando, e isso pode ocorrer em momentos de escassez de recursos, onde as coisas mais bizarras começam a acontecer.

A boa pesquisa não sabe onde vai chegar, se souber, não é pesquisa.

Estou com um aluno de empresa, doutorado profissional, e sempre falo com ele: empresas sabem o que vão fazer, pesquisa não.

O pesquisador que começa sua pesquisa certo do que vai fazer, para mim começou errado.

Uma vez tomei uma surra online no xadrez. A pessoa me perguntou, posso te dar algumas dicas? pensei, claro, depois dessa surra sou seu aluno! Uma coisa que ele me disse, que seu avô disse a ele: nunca fique preso aos planos, eu sempre ficava, e ainda fico, mas agora menos; pesquisa ainda é pior do que xadrez, xadrez é jogo de padrão. Seria como jogar futebol focado em dribles ensaiados, que é meu caso. Qualquer contratempo vai derrubar tudo.

Ciência vai além do método científico

Apesar de concordar, e pensar assim, no nosso ebook apresenta pontos diferentes.

Por que concordo?

Vale observar que o método da apresentadora seria somente um método científico, existem outros, outras formas de ver o método científico. Falo mais no nosso ebook.

Curiosidade como forma de escolher pesquisadores

Acho fenomenal isso. Ao lado de motivação, classificada por alguns como inteligência emocional, curiosidade pode ser crucial na vida de um pesquisador criativo e à moda antiga; não as lebres disfarçadas de coelhos.

Acredito que nossos pesquisadores perderam a criatividade; no ebook, Mercado de Criatividade, falo que muitos dos trabalhos atuais dos pesquisadores vão ser automatizados: como exemplo. já existem robôs que respondem perguntas e escrevem artigos científicos, e foi aceito! Seria como o futebol masculino comparado com o feminino: o futebol masculino virou briga de luta-livre, força bruta. Cadê Pelé? ainda temos Marta!

Note que essa forma de ver o método científico não é a única, ver nosso ebook para mais detalhes. Contudo, é uma forma bastante comum, que eu também uso e gosto.

A curiosidade e o método científico: *ciência não trabalha com verdades absolutas*

Uma das formas mais comuns de atacar a ciência é exigir verdades absolutas: muitos anticiências[99] usam essa forma de ataque. Ficam como alguém na espreita esperando o primeiro erro da ciência para atacar: *a ciência é feita de erros, são os erros que levam ao acerto.*

Estava vendo Richard Dawkins conversando com uma pessoa religiosa[100], e achei curioso o uso excessivo deste truque. Essa pessoa tenta empurra a ideia de que religião e ciência estão no mesmo nível, somente uma questão de opinião. Esse truque é muito usado nos Estados Unidos para tentar dizer que "a teoria da evolução é apenas uma teoria". Isso ignora completamente o que é uma teoria, vamos voltar nisso com vol. II. Como consequência, por "ser apenas uma teoria", podem ser ensinado lado a lado, como igualmente válidas. A pessoa constantemente usava isso como estratégia, o uso de exceções como regra, de fraudes e erros da comunidade científica como forma de desqualificar as outras evidências massivas da teoria da evolução. Religiosos transforma exceção em regra, isso porque eles tem uma "teoria" que querem defender, e a falseabilidade dessa teoria está fora de questão, "eu sei que Deus existe", seria a "teoria". O resto é apenas uma forma de defender isso, de empurrar essa "teoria".

---

[99] Pessoas que negam a ciência. Lembre-se, quando tiver dúvida no Kindle, somente destaque a palavra ou sentença, e vai aparecer as definições, geralmente vinda da Wikipédia.

[100] Darwinism vs Creationism: A Debate On Truth & Evolution with Wendy Wright. https://www.youtube.com/watch?v=Vno1lAydv-8

Para negar a evolução, ela repetidamente usava os casos de fraudes de evidências, algo que já foi explicado; seria similar aos defensores da não vacinação de crianças (o movimento antivacina), isso se baseia em somente um único artigo que foi considerado fraude científica. A questão do aborto que os evangélicos defendem veementemente se baseia em um documentário obscuro produzido nos Estados Unidos[101].

Como Dawkins explica repetidamente a ela sem sucesso: esses casos não eliminam as outras inúmeras evidências. As evidências para a evolução das espécies é massiva, e mesmo que houve algumas fraudes, essas fraudes não derrubam a teoria em si. Não precisa ir aos museu. Como exemplo, observe o efeito mimetismo da serpente[102]: esse mecanismo de defesa somente pode ser explicado pela evolução. Note também que espécies parecidas ficam juntas geograficamente.

O método científico é um algoritmo de autocorreção. Diferente da religião, que apresenta soluções, a ciência não apresenta soluções com o objetivo de fazer as pessoas felizes. Quando Nicolaus Copernicus tirou a terra do centro do universo, não o fez para agradar ninguém. A religião propõe "teoria" cuja veracidade ou não afeta o emotivo das pessoas. Ou seja, a existência de Deus ou não, o fato de termos parentesco com macacos ou não, isso tudo afeta emocionalmente as pessoas. Isso se chama conflito de interesse. Apesar de que houve movimentos sociais tentando invalidar a decisão científica de rebaixar Plutão de planeta para planeta anão, isso nunca foi para

---

[101]Aborto: como filme dos anos 1970 fez evangélicos se posicionarem contra interru....
https://bbc.in/3W797SI
[102]Mimetismo e evolução: o caso das falsas corais, quando imitar é melhor do que ser...https://bit.ly/4ggPT5e

frente.

"A ciência natural quer que o homem aprenda, a religião quer que ele aja."
Max Planck

Não deveria explicar as piadas. Mas, a igreja já fez o papel patético de tutelar cientistas. Isso inclui prisão e castigos. Ainda ouço pessoas religiosas falando isso.

> "Prefiro ter perguntas que não podem ser respondidas do que respostas que não podem ser questionadas." Richard Feynman

Vamos voltar na questão da religião se dizendo, autoproclamando, tutelador da ciência no vol. II.

Religião oferece verdades absolutas, respostas para o que existe depois da vida, moral sem questionamento. Fascismo oferece certezas, remédios sem comprovação e respostas para questões sociais complexas.

Outra forma de ataque, que vi no Twitter, é exigir que os cientistas cheguem a um consenso sobre tudo: nós, cientistas, não impomos nossas visões na natureza, somente interpretamos o que ela nos revela. Como disse Richard Feynman, usando minhas palavras, a ciência é composta de afirmações: algumas mais certeiras, outras menos certeiras. O que fazemos é amadurecer ao passo que novas descobertas saem, diferentes áreas possuem maturidades diferente, que depende do grau de dificuldade, o quão "Deus" está disposto a nos revelar no momento! Sabemos que o universo está expandindo, resultado da teoria da relatividade, mas não sabemos quando o universo começou, e menos ainda de onde vem a energia. A resposta da religião é: uma figura mágica criou tudo. Pronto, tudo explicado! De onde vem essa figura? Não importa! Fizeram até um transplante de costelas quando a medicina ainda nem existia.

"Quero conhecer os pensamentos de Deus, o resto são detalhes." Albert Einstein, se existe um caminho para conhecer Deus, a ciência está mais no caminho certo do que a Bíblia

---

Algo importante de destacar, e Richard Dawkins destaca isso no seu livro "Deus um Delírio". O uso do termo Deus por Einstein, e outros cientistas como Stephen Hawkins, é metafórico. Dawkins chega a fazer um apela para os cientistas pararem de usar o termo, que gera mais problemas do que solução. Na série, Young Sheldon, o pastor tenta usar isso como forma de converter Sheldon. A série foi feito quando ainda os computadores eram escassos, isso facilitaria esse tipo de truque, que não mais funciona para quem pesquisa.

Deus é um conta-gotas de verdades! Não temos controle, consenso somente saem quando as evidências são fortes. Como exemplo, atingimos consenso depois de anos de muitas discussões da não existência do éter, enterrado por Einstein para criar sua teoria da relatividade, a constância da luz. A luz, diferente de como muitos pensavam, não precisa de um meio para se mover!

Esse caso do éter seria interessante. Muitas pesquisas estão sendo feitas, e elas tentam mostrar desesperadamente que orações funcionem[103]. Muitas financiadas por entidades religiosas, similar ao que ocorre na indústria de tabaco e jogos online.

"Parece-me mais provável que os pacientes que receberam oração e sabiam sofreram de "ansiedade de performance", que foi um fator de estresse." Richard Dawkins em Deus um Delírio

---

Como exemplo desse tipo de estudo, a discussão abordou a eficácia da oração intercessória no contexto de um ensaio clínico envolvendo pacientes submetidos a cirurgia

---

[103]Wikipedia contributors. (2024, August 12). Efficacy of prayer. In Wikipedia, The Free Encyclopedia. Retrieved 15:18, September 8, 2024, from
https://en.wikipedia.org/w/index.php?title=Efficacy_of_prayer&oldid=1239962941

de revascularização do miocárdio[104]: esse tipo de estudo vem de grupos religiosos tentando envolver ciência em religião, tentando achar algo, qualquer coisa científica, para empurrar a religião que cada vez fica mais tóxica e forçada.

O estudo não encontrou nenhuma melhora significativa nos resultados de recuperação associada à oração intercessória, mas revelou uma associação inesperada *entre a certeza de receber orações e taxas mais altas de complicações:* colocando de forma direta, isso estressou os pacientes, isso foi um estresse ao paciente já fragilizado. Esses achados ressaltam a complexidade de compreender o impacto da oração na saúde, sugerindo que fatores psicológicos, como as expectativas dos pacientes, podem influenciar os resultados clínicos. Os resultados sugerem a necessidade de investigações adicionais sobre as dimensões emocionais e espirituais da oração, que não foram avaliadas quantitativamente no estudo.

---

[104]Benson, H., Dusek, J. A., Sherwood, J. B., Lam, P., Bethea, C. F., Carpenter, W., ... Hibberd, P. L. (2006). Study of the Therapeutic Effects of Intercessory Prayer (STEP) in cardiac bypass patients: A multicenter randomized trial of uncertainty and certainty of receiving intercessory prayer. American Heart Journal, 151(4), 934–942. doi:10.1016/j.ahj.2005.05.028
10.1016/j.ahj.2005.05.028

Ou seja, não orem pelos pacientes, isso pode piorar. Sabemos que quando encontrar pessoa na rua depois de um acidente, não mova a pessoa. Temos o impulso de ajudar, mas isso pode piorar a situação, como exemplo danificando partes vitais que pode levar a paralisia permanente do paciente.

No caso do Eter, tivemos o mesmo padrão. Tentaram provar que o Eter existia porque "acreditavam" neles. Mas quando mais tentavam provar, mas eles não achavam os resultados esperados. Einstein finalmente teve a coragem de enterrar a teoria do Eter, e construiu sua teoria em cima dessa negação[105].

Já dizia Einstein:

---

[105] O cosmo de Einstein, por Michio Kaku

> *"a pergunta é a mesma, mas a resposta mudou."*
>
> *Albert Einstein*

Ficam como alguém na espreita esperando o primeiro erro da ciência para atacar.

Eu gosto de ver essa situação como uma pessoa com duas réguas: uma para aquilo que concorda, e outra para aquilo que não concorda. Chamo isso de sistema de dois pesos, inspirado por Daniel Kahneman. Aquilo que concorda, a régua é curta; e aquilo que não concorda, olha até debaixo das pedras, procuram "pelo em ovo". Quando falo com religiosos, eles querem que eu prove tudo, e querem que eu saiba tudo. Contudo, eles estão com uma estaca no olho: a Bíblia. Vamos falar do dilúvio: não há nenhuma evidência desse dilúvio. Somente o Brasil possuem mais de 1.000 serpentes diferentes, isso exigiria um trabalho impossível para Noé coletar um casal de cada.

No nosso curso online, falamos dos perigos das ideologias no pensamento científico: em experimentos, mostrou-se que interpretamos de forma diferente aquilo que concordamos ou não; em outros experimentos, mostrou-se que temos dificuldades cognitivas de sair do "ruim para o bom".

Como exemplo que usam muito:

"a ciência não disse que ovo faz mal, e agora faz bem?"

Quem é cientista sabe que ciência é um jogo de vai-e-vem: isso faz parte do método científico, autocorreção. É exatamente esse vai-e-vem que torna a ciência eficiente, eficaz. O sistema de autocorreção deixa a porta sempre aberta para novos experimentos. Isso se chama o <u>*princípio da falseabilidade*</u>.

Toda teoria precisa providenciar formas de ser negada, mesmo que não exista. Deus não pode ser faseado: Deus trabalha de forma misteriosa; Deus escreve certo, com linhas tortas. Quando mostraram que orações não funciona, alguns disseram: "mas ele somente faz quando é de verdade, sabemos que oração funciona."

> Não é surpresa que este estudo tenha sido contestado por teólogos, talvez preocupados com sua capacidade de ridicularizar a religião. O teólogo de Oxford Richard Swinburne, escrevendo após o fracasso do estudo, se opôs a ele com o argumento de que *Deus responde às orações apenas se elas forem feitas por boas razões*. Richard Dawkins em Deus um Delírio.

Deus quando decidem medir se rezar funciona.

Vamos falar mais disso, mas as profecias não possuem formas de saber se ela está errada: existem somente duas formas de negar/aceitar uma profecia. Passar a acreditar, e deixar de acreditar. Ou seja, vontade humana, sem qualquer forma externa de testar e verificar as ações.

Um cientista diz algo, outro pode retrucar. Diferente do STF, não somos monocráticos. Qualquer publicação pode ser rebatida, pode ser criticada; se você está certo ou não, isso não importa. Não existe ego dentro da ciência, o ego vem dos pesquisadores. Desde que siga regras, a ciência é democrática, diferente do que afirmou meu supervisor de doutoramento. Óbvio que não o fez por maldade, somente não concordo com a afirmação de que a ciência não é democrática. Mesmo a democracia tem regras.

Quando fazemos uma revisão da literatura, algo padrão em qualquer pesquisa, estamos vasculhando não somente por resultados positivos, mas também por resultados contraditórios; pelo menos essa deveria ser a ideia, por isso alguns estão tentando padronizar o processo de revisão da literatura.

Como exemplo, podemos dizer que "fulano achou uma correlação positiva", mas "ciclano achou uma correlação negativa"; isso é a regra no meio acadêmico. O que fazemos é interpretar essas divergências dentro do contexto das nossas pesquisas, e quando necessário, fazemos especulações. Como brinco, algo que ocorreu muito na COVID, pessoas não-treinadas não deveriam ficar lendo artigos científicos. Artigos científicos é para pesquisadores, treinados. Não se metam na nossa ciência que nós vamos ficar longe do seu jogo de futebol!

O caso das bananas que curam câncer! Resultado de leitura indevida de artigos científicos. Note que esse caso é interessante porque Barbara Gastel dá exemplos de artigos mal escritos no meio acadêmico, contudo, pesquisadores em geral conseguem decifrar "essas letras de médico"; ela mostra como uma interpretação errada pode levar a interpretações bizarras.

Não há vergonha na ciência em admitir os erros, e recomeçar. Sim, a ciência erra e sempre vai errar. A diferença é que quando a ciência erra, ela documenta, um caminho a menos para pegar errado: comparado com pessoas, como políticos, que escondem o erro debaixo do tapete; no nosso ebook, damos o exemplo de uma pessoa tentando achar o caminho, para depois mostrar aos amigos.

Sim, a ciência também esconde seus erros, mas é algo dos cientistas, não da ciência em si, um problema que deveria ser sanado, para o bem de todos.

Existe oxigênio na lua?
Clip

Essa foi a pergunta que fiz a uma professora de química no ensino médio, que gerou muita irritação na mesma! Além de ser conhecido por irritar professores com perguntas, talvez difíceis; parece que eu e professores de química não damos certo, lembrei agora de um na faculdade, nesse caso eu sabia o livro de cabeça que ele usava, e sabia o que ele ia falar.

Curiosamente, vi uma palestra do Carl Sagan falando isso: nosso sistema de ensino tem dificuldades com perguntas, especialmente, perguntas difíceis.

Crianças fazem as perguntas mais difíceis, porque ainda não foram dominadas pelas "colas sociais", pelo "formalismo de terno e gravata" que une nossas mentiras sociais.

O maior exemplo seria religião. Elas começam a ver os problemas da religião a ainda cedo, mas são reprimidas, e aprendem a aceitar religião silenciosamente. Ameaças de inferno em somente questionar Deus tem um efeito ditério, que se iguala a bullying praticado por adultos, reconhecido pelo Japão como abuso. Como um elefante, quando crescem, elas ainda permanecem presa ao troco, mesmo tendo força para se livrarem do troco.

Recentemente, o Japão implementou diretrizes que classificam certas ações dos pais como abuso infantil, incluindo *incitar medo nas crianças ao dizer que elas irão para o inferno se não participarem de atividades religiosas*[106]. Essas ações são consideradas abuso psicológico sob a Lei de Prevenção ao Abuso Infantil. Essa medida visa proteger as crianças de danos emocionais e garantir um ambiente mais seguro e saudável para seu desenvolvimento. É um passo importante para a proteção dos direitos das crianças no país.

Qual foi a pergunta que fez quando jovem que gerou irritação em algum professor?

"Ao crescer, comecei a fazer menos perguntas" Fonte

O método científico não é linear
Clip

"Este livro nasceu de uma triste constatação: ao preparar meu curso mais recente, sobre a iniciação científica, notei que pouco sabia sobre

---

[106] Forced participation in religious activities to be classified as child abuse. https://japannews.yomiuri.co.jp/politics/politics-government/20221227-79777/

o método científico." <u>*Introdução à pesquisa científica*</u>

Como resultado do nosso ebook mais recente, notei que pouco sabia o método científico. Acredito que o problema está no fato de que o método científico, apesar de existe a sua versão clássica, é algo bem aberto. Além de não ser linear.

Publicação original: <u>A curiosidade e o método científico : ciência não trabalha com verdades absolutas</u>

Seria a corrupção realmente nosso problema? Ou seria o sintoma de uma doença social ainda mais grave?

> "O fascista fala o tempo todo em corrupção. Fez isso na Itália em 1922, na Alemanha em 1933, no Brasil em 1964. Ele acusa, insulta, agride, como se fosse puro e honesto. Mas o fascista é apenas um criminoso comum, um sociopata que faz carreira na política."
> Norberto Bobbio.

Um médico faz um diagnóstico se valendo de sintomas. Ele/ela vê a tosse, ele/ela cutuca o paciente, e Voilà: você está gripado. Contudo, eles podem errar, e erram muito. Por isso temos novas formas de fazer diagnósticos.

Teranóstico seria uma mistura de diagnóstico com tratamento, seria uma forma de minimizar erros médicos: ao fazer o diagnóstico, temos o tratamento, que continua sendo um diagnóstico. Sim, médicos erram, e muito. Vamos voltar nisso no vol. II, e como religiosos usam isso para provar a existência de Deus. Similar, é o caso de problemas sociais. Vemos o paciente, usando o título do livro do Mandetta, um médico, "um paciente chamado Brasil"[107].

A corrupção no Brasil é como gripe: por ser algo comum, todos acham que é somente um resfriado e vai passar, e nunca passa, todos acham que é o mal para tudo, a raiz de todos os problemas. Como a AIDS, que é a raiz do problema, o resfriado pode ser o sintoma, e não o diagnóstico sem *si*.

---

[107] Um paciente chamado Brasil: Os bastidores da luta contra o coronavírus por Luiz Henrique Mandetta.

O fato de Bolsonaro insistentemente dizer que acabou a corrupção no Brasil, quando ele estava lá, não faz nenhum sentido. Nenhum país conseguiu acabar com a corrupção, por que o Brasil conseguiria em um passe de mágica? Um país com histórico de corrupção que envolve todos os partidos políticos, com poucas exceções. Corrupção na acaba, se camufla.

Desde que me conheço como gente, a corrupção tem sido uma forma de atacar o Brasil. Comparavam o Brasil à Serra Leoa[108]: um país africano e muito pobre.

Durante as eleições de 2018, isso ficou tão sério que as pessoas estavam dispostas a colocar no poder um suposto *"outsider"*, "honesto", e com fortes inclinações ao autoritarismo. O desespero foi tanto que queria até mesmo intervenção militar: abrir mão das liberdades individuais para viver debaixo da borracha, do chicote do quartel.

Claro, como já falamos, parte disso se explica na negação de que houve ditadura militar, isso porque a ditadura nunca perseguição todos, mas somente os que tinham poder de mudar o regime, como Paulo Freire e a Legião Urbana (a banda mesmo)[109]. Outra forma de explicar é religião: estudos apontam que religiosos escolhem políticos autoritários e tendem à direita do espectro político.

---

[108] Não estou colocando em xeque a comparação, estou colocando em xeque o valor da comparação como forma de criar um argumento sólido, como forma de construir uma argumentação que realmente faz sentido. Delírios pessoais ficam para outros livros, nesse queremos ativar a razão em cada um de nós!

[109] Renato Russo, por Carlos Marcelo

O estudo[110] investiga a relação entre habilidades emocionais, ideologias políticas e preconceito. Descobriu-se que pessoas com menor inteligência emocional tendem a ter atitudes de direita e preconceituosas. Os pesquisadores avaliaram 983 estudantes belgas e descobriram que aqueles com habilidades emocionais mais baixas, especialmente em compreensão e gestão emocional, eram mais propensos a apoiar o autoritarismo de direita e a orientação de dominância social. Isso sugere que a falta de empatia e a dificuldade em entender as emoções dos outros podem estar ligadas a essas ideologias.

Outro estudo[111] publicado na revista alemã Emotion revelou que pessoas com QI mais baixo tendem a apoiar causas de direita e atitudes intolerantes, como racismo, xenofobia e homofobia. A pesquisa, que envolveu 983 estudantes belgas, mostrou que aqueles com pontuações mais baixas em testes de inteligência apresentaram tendências autoritárias e apoio a líderes fortes. O autor do estudo, Alain Van Hiel, ressalta que esses resultados indicam um desequilíbrio emocional, mas adverte que a ideologia não deve ser discutida apenas com base em análises emocionais.

Outro estudo[112] conduzido por Jordan Peterson e Christine Brophy da Universidade de Toronto identifica duas categorias principais de pessoas politicamente corretas:

---

[110]Lower emotional intelligence linked to prejudiced, right-wing views, study finds. https://bigthink.com/the-present/emotional-intelligence-conservative/
[111]Estudo aponta que pessoas de QI baixo tendem a ser intolerantes e de direita. https://bit.ly/3XfsqJ7
[112]Psychology Tells Us There Are 2 Kinds of Politically Correct People - Big Think. https://bit.ly/3XzqtIQ

PC igualitárias e *PC autoritárias*. As PC igualitárias acreditam que as diferenças entre grupos são causadas por forças culturais e injustiças sociais, apoiando políticas que favoreçam grupos historicamente desfavorecidos. Já as PC autoritárias acreditam que as diferenças são biológicas, apoiam a censura de material ofensivo e desejam uma sociedade mais uniforme através de governança autocrática. O estudo também revela semelhanças entre PC autoritárias e autoritários de direita, especialmente na sensibilidade ao nojo e na resposta ao medo.

A ditadura trabalhava de forma silenciosa, evitando que pessoas com poder de influência fossem ouvidas. Maria Ressa, Nobel da Paz, afirma isso na seguinte passagem, tradução própria: "quem ganhasse as eleições não somente determinaria o futuro, mas também o passado" [isso no contexto das Filipinas].

Por que somos tão burros coletivamente?

Alguns nomearam isso *estupidez coletiva*[113], ou *estupidez das massas*.

Até algum tempo, a burrice era associada à falta de educação formal, de diploma: agora temos idiotas de diploma. Como disse a Thaís Oyama: "temos idiotas de diploma e sem diploma". Como eu gosto de brincar: diploma não é vacina para estupidez!

---

[113] Tramas Democráticas Contra a Estupidez Coletiva. https://www.youtube.com/watch?v=ZLpxYtX0Wzc

Diferente do que alguns sugerem: bolsonarismo não é movimento de gente pobre e sem educação. Bolsonarismo é um movimento de elite, pessoas com alto nível de educação. É nossa elite do atraso, usando termo de Jessé Souza.

Durante a pandemia, tínhamos pessoas com curso superior negando a eficácia das vacinas. Eu fui receoso, que é diferente de negar. Meu receio, que desapareceu quando a vacina saiu, foi acelerarem o processo demais, e queimarem etapas: essas etapas foram criadas por um motivo, como exemplo evitar acelerar devido a interesses comerciais. O receio até certo ponto, e esse ponto é quando desativa a razão, é saudável.

Marvin Minsky em *The Emotion Machine*[114] traz para atenção que nosso cérebro pode funcionar assim: existem blocos responsáveis pelos comportamentos que vemos como empatia ou mesmo raiva. Temos áreas que podem ser ativadas e desativadas de acordo com o momento. Como exemplo, em situação de ameaça, podemos ficar mais hostis do que o normal, onde talvez sentiríamos empatia. Em parte, alguns desses resultados foram mostrados experimentalmente. Como exemplo, ficamos mais hostis quando estamos cansados, conhecido como *depreciação do ego*.

Isso parece ocorrer quando estamos diante de informações que não batem com nossas crenças e expectativas: a razão literalmente é desligada, ver Carol Tavris e Elliot Aronso em *Mistakes Were Made (But Not by Me)*.

---

[114] A máquina emotiva: como emoções poderiam ser ponderadas em inteligência artificial. https://bit.ly/4cY0iQj

Esse suposto candidato, apesar de não ter sido condenado formalmente, tinha sim não somente indícios de corrupção, mas também tinha um discurso perigoso, que envolvia exílio de pessoas que fossem do partido oposto: havia um vídeo real, onde ele agredia uma parlamentar mulher, com ameaças de agressões físicas, e mulheres votaram nele. O vídeo não era segredo, um dos adversários tentou usar na campanha dele, mas a cegueira era grande demais, nada funcionava, o país estava imobilizado. Eu olhava aquilo sem entender: o tal candidato ganhou carta branca, seu nome dizia "Messias". Era o messias. Claro, precisamos sermos cautelosos nas explicações. Parte disso vem da negação dos fatos.

Conversava com uma senhora, religiosa, que não se declarava apoiadora do Bolsonaro, mas curiosamente defendia Trump; contudo, o ódio do Lula era evidente. Ela basicamente achava normal um presidente dos Estados Unidos comprar o silêncio de uma prostituta.

Eu pessoalmente, até acho que deveríamos legalizar a profissão das prostitutas. Contudo, é estranho que um dos grupos mais moralistas do mundo, cristãos, dispostos a aceitar que um presidente tenha um caso com uma prostituta. Novamente, eu não vejo também problemas.

Isso mostra uma moral facilmente maleável. Contra os LGBTQI+, ódio ao máximo, contra o presidente das prostitutas, "o que tem de mais??". Fico até feliz em ver religiosos sendo tolerantes, somente me preocupa que essa mesma tolerância não se estenda para gays. Eles ignoram passagens como a proibição de usar camisinha, ainda ensinado em países africanos, levando a morte de pessoas, mas não fazem o mesmo com os gays. Sabe por que existem muitas igrejas? Assim eles podem ir mudando, e achar uma que se adapta à sua régua de moral[115]; deveria ser o oposto.

O mais curioso das notícias falsas é que elas conseguiram acertar até os budistas, historicamente, pessoas pacíficas[116]. Munidos pelo ódio das redes sociais, budistas começaram a atacar outras religiões. O budismo, diferente do cristianismo, não tem um rastro de sangue no currículo. Diferente do cristianismo[117], o budismo tem mutias variações por nunca ter matado quem pensasse diferente: os cristãos mataram eles mesmo[118], denominações diferentes.

---

[115] https://youtube.com/shorts/NfqxxfD4bpY?si=AtuY8eR3dhxoTyL5

[116] Monge budista incita ódio a minoria muçulmana em Mianmar. https://jornal.usp.br/radio-usp/colunistas/monge-budista-incita-odio-a-minoria-muculmana-em-mianmar/

[117] Por que eu me DESILUDI com o Budismo Theravada? | Luiz Rodrigues (EX-BUDISTA). https://www.youtube.com/watch?v=pgza3KAYxr4&list=WL&index=102&t=1928s

[118] FÉ e POLÍTICA: sempre dá errado. https://www.youtube.com/watch?v=_fFf6LP8g0Y

No Brasil, foram os Testemunhas de Jeová que foram perseguidos durante a ditadura militar. Nem mesmo uma das religiões mais pacíficas resistiram ao ódio das redes sociais e suas mentiras. Note que até mesmo o budismo pode ser radicalizado, onde eu colocaria minhas fichas se fosse escolher uma religião.

O que é mais curioso: a maior parte das religiões condenam a violência e idolatrar homens. Os supostos religiosos faziam o que alguns chamam de "customização da religião": sou religioso, mas somente sigo o que concordo, o que me interessa. Existem alguns nomes por aí: como cristão sem religião[119], e teísmo aberto[120]. Isso mostra uma tendência de abandonar a religião, mas mantendo seus traços. Cada vez mais, sem a força física que a religião cristã exerce nos não-crente, fica cada vez mais difícil manter fiel, sem queimar infiéis na fogueira. Sem uma tocha com fogo, ou os garfos, fica difícil para a igreja cristã manter seu domínio diabólico.

---

[119]O cristianismo não denominacional se refere à prática da fé cristã sem vínculo com qualquer denominação cristã específica, credo ou confissão.

[120]Consiste numa prática teológica onde são retiradas algumas das principais características de Deus: a onipresença, a onipotência e a onisciência. Esta corrente é também conhecida por "teologia da abertura" ou "abertura de Deus".

Tenho o meu Jesus, que é meu, e eu digo quais são as regras. Na eleição mais recente: as autoridades religiosas se pronunciaram, com exceção da maioria dos pastores que somente colocaram mais lenha na fogueira, mas não funcionou. Deus havia sido usurpado, junto com nossa bandeira!

> "A metamorfose de Jesus Cristo, de um humilde servo dos pobres abjetos para um símbolo que representa o direitos às armas, a teologia da prosperidade, a anticiência, o governo limitado (que negligencia os necessitados) e o nacionalismo feroz é realmente a transformação mais estranha da história humana."
> Rainn Wilson (conhecido pela série *The Office*)

A melhor forma de enxergar a tempestade, seria longe dela. Espero que quando ler esse livro, tudo terá se acalmado, e poderemos sentar e pensar: o que nos levou a esse extremismo? à maior polarização da história? Sempre votamos no futuro, desta vez votamos no passado, escolhemos nosso cemitério preferido como nação.

Note que por polarização, refiro-me à *polarização afetiva*.

A polarização política é um tema que tem ganhado destaque nos últimos anos. Ela se refere a uma situação em que opiniões e atitudes se firmam diametralmente em posições opostas. No Brasil, a polarização tem sido evidente desde 2018, especialmente após o surgimento da chamada "nova direita" ou extrema direita (bolsonarismo em geral). Essa polarização pode ocorrer tanto no âmbito das eleições, quando dois partidos ou forças competem exclusivamente dentro do cenário eleitoral, quanto em outros contextos, como diferenças geográficas nas preferências eleitorais.

Com o resultado das eleições presidenciais de 2022, onde Lula e Bolsonaro tiveram votações muito próximas, fica claro que vivemos um momento de eleições polarizadas no país. Esse cenário pode ser prejudicial à democracia, pois reforça comportamentos de raciocínio motivado, onde tendemos a valorizar informações que confirmam nossas opiniões e ignorar aquelas que as contradizem. Ou seja, ficamos irracionais, deixamos de considerar o todo, o contexto, e ficamos presos a visão religiosas e ideológicas, como a ideia de comunismo, largamente usada para justificar tudo, que nunca existiu no Brasil. É importante buscarmos um diálogo mais tolerante e respeitoso para superar essa polarização e fortalecer nossa democracia.

O desafio é como achar uma vez que a polarização si autoalimenta: é um ciclo vicioso, onde o ódio gera mais ódio, que gera mais polarização.

Jessé Souza traz uma tese interessante[121]: a corrupção foi usada como boi de piranha, e no momento o PT estava fragilizado. Ou seja, algo que muitos nem consideram como possibilidade: corrupção é um problema nacional, não do PT. Mesmo que o PT tenha roubado muito, isso continua mesmo com a saída. Todos os partidos estavam evolvidos em corrupção quando o PT foi levado à força, incluindo os partidos de Bolsonaro, ele passou por basicamente todos os partidos. Hoje, mesmo o PL sendo maioria e o PT fraco, ainda assim temos problemas de corrupção. A diferença é que antes se detectava, agora não mais. Seria similar a negar um câncer fazendo exame

---

[121] A elite do atraso: Da escravidão a Bolsonaro. Jessé Souza

para gripe. Negar a realidade não torna a realidade melhor.

Eu gosto muito da história abaixo:

A pessoa perdeu sua chave no escuro, mas em vez de procurar onde perdeu, procura onde a luz está melhor. Isso me faz pensar: em vez de procurar a corrupção em nós, nos políticos que colocamos e roubam, digamos o congresso, focamos no presidente, focamos em um único partido. Isso se chama *scapegoat*; sendo mais vulgar, isso se chama hipocrisia.

Onde eu moro, Ouro Preto, um dos candidatos para prefeito, e me parece forte, é mais sujo do que pau de galinheiro, o terceiro colocado possui somente uma mancha no nome. A matemática simples nos levaria a escolher o terceiro colocado; estou estimando baseado em percepção popular. Em Minas Gerais, em 2022, Aécio Neves liderava as pesquisas de candidatos a senador por Minas Gerais, sim, ele mesmo. O mesmo evolvido em escândalos nacionais de corrupção, e que fez toda a palhaçada com a Dilma. Quem iniciou a babaquice de questionar urnas como forma de chorar uma derrota.

Basicamente, na incapacidade de encararmos a corrupção como um problema individual, encaramos como algo alienígena, somente o outro tem, somente o partido do outro tem, somente o candidato do outro tem.

Em um experimento famoso, professores eram questionados se ganhar uma maçã do aluno mudaria a nota do aluno, eles dizem não, contudo, se reverte isso, eles dizem sim, quando questionamos se no caso de outro professor. Esse mecanismo, no qual criamos dois grupos de regras, uma para nós, e uma para os outros, foi largamente explorado como exemplo no livro *Talking to Strangers* por Malcolm Gladwell. Isso nos leva a sermos enganamos com facilidade por estranhos, que acreditamos conhecer bem. Isso parece o mesmo mecanismo usando para Deus, onde Deus precisa de um conjunto de regras dele, chamo de Petição Especial, vamos voltar nisso no vol. II e III.

Jessé Souza destaca que a corrupção é praticada por políticos, esses são "os aviõezinhos" da boca de fumo. Ou seja, por traz deles está a elite do atraso. No livro da Thaís Oyama "Tormenta: O governo Bolsonaro: crises, intrigas e segredos", fica claro que foram empresários que colocaram ele lá, ou seja, nossa elite do atraso; na passeata antes das eleições, foram tratores, talvez agricultores incomodados com as novas práticas de proteção ambiental. Durante o governo, o livro foi publicado no início do governo, ficou claro quem seriam a "caterva" mesmo[122].

---

[122] Marco Antonio Villa, obrigado! :)

O que é uma "narrativa"? *Aprenda a interpretar narrativas, filtrar e argumentar*

> "A história é a mesma,
> o passado aconteceu,
> mas novas interpretações surgem,
> novas narrativas"

A palavra narrativa ganhou muita atenção nas eleições, sendo usada de forma pejorativa. Ouve-se algo do tipo, para desqualificar a opinião do adversário: "isso é somente uma narrativa".

Mas o que é narrativa? Seria narrativa realmente argumentações de caráter opinativo? Por que algumas ideias são chamadas de narrativas outras de verdades? Como podemos separar uma narrativa embasada de uma meramente formada de desinformação?

Primeiramente, deixe-me separar a fronteira mais forte. Não faz sentido, se falarmos de pessoas sensatas, e isso não ocorre com bolsominions, falar de que a lei de Newton é uma narrativa, ou mesmo a teoria da relatividade.

O chatGPT nos ensina:

> A narrativa é uma ferramenta poderosa para moldar nossa compreensão do mundo, comunicar ideias e influenciar a sociedade. Ela está presente em todas as áreas da vida e desempenha um papel fundamental na

formação de nossas opiniões e interpretações da realidade. [123]

Com relação a *fake news*, ele/ela nos ensina:

> Enquanto a narrativa busca representar a realidade e comunicar conhecimento, as *fake news* distorcem a verdade e podem ter consequências prejudiciais.[124]

Ou seja, as *fakes news* não são narrativas, são cópias baratas, concorrentes do original.

Óculos escuros falsos abrem a pupila dos olhos, que acabam absorvendo radiação sem necessidade. Como as *fake news*, ele cria um falso senso de segurança para a retina. As *fake news* cria um falso senso de verdade para o cérebro, que passa a absorver informações falsas, distorcidas, da realidade. Como as *fake news* não possuem nenhum compromisso com a verdade, elas podem ser curvadas para cada pessoa, evitando o estresse cognitivo nas pessoas que a verdade gera. Se olharmos a Bíblia, ela segue padrão parecido. Quando ela diz que sabe onde vamos quando morrermos, e o que fazer para ter um lugar aconchegante do lado de Deus, ela na verdade nos vende algo que queremos ouvir. Se perguntar um ateu o que ocorre depois da morte, ele vai dizer: não sei. Isso irrita os cristãos, já vi isso tanto online quando pessoalmente.

---

[123]Continuar lendo:
https://copilot.microsoft.com/sl/gFkXXTazsfQ
[124]Continuar lendo:
https://copilot.microsoft.com/sl/bcbPhzO2Nsy

Joe Atheista Nasceu _____ Morreu _____ "Eu sabia que isto estava chegando, então vivi a vida ao máximo e fiz o meu melhor para lutar contra a fé cega" P.S. Eu não estou no céu Estou morto.

Todo filme de Hollywood que faz sucesso entregam para as pessoas uma realidade fácil de mastigar. Todo filme complexo gera pouca bilheteria. Simplesmente compare a versão real do filme *Titanic* com a versão que encheu salas. No caso dos filmes, sabemos que é ficção, no caso das *fake news*, passamos acreditar que é real. Passamos até a tomar decisões baseado nisso. Pessoas que invadiram os três poderes acreditavam que sob Lula, o Brasil ia virar Venezuela[125]. Outros acreditaram em 2018 que o governo do Haddad ia distribuir mamadeiras de pirocas a crianças em creches, como proposta de governo.

Vamos mostrar um exemplo real.

> *"O que não pode acontecer é o nosso país se tornar materialista e comunista como está acontecendo."*
> Deputado Marco Feliciano defendendo projeto de Lei que propõe o criacionismo na grade curricular das escolas

O maior problema dessa narrativa, de haver comunismo no Brasil, em desenvolvimento dentro das escolas, é falsa. Nunca houve comunismo no Brasil[126]. Mesmo que exista um comunismo silencioso, criacionismo não é um antídoto de comunismo. Historicamente, foi o fascismo. O fascismo sempre se colocou contra comunistas[127].

Narrativa, se formos olhar de forma mais correta, seria algo que usamos para explicar uma realidade subjetiva, ou

---

[125] 7 fatores que explicam os ataques de 8 de janeiro em Brasília. https://www.bbc.com/portuguese/articles/cye7egj6y1no
[126] 'Falar em socialismo e comunismo no Brasil é ignorância e paranoia'. https://www.bbc.com/portuguese/brasil-58646547
[127] Os comunistas sempre se opuseram aos fascistas — e venceram o nazismo.
https://www.brasildefato.com.br/2022/02/11/analise-os-comunistas-sempre-se-opuseram-aos-fascistas-e-venceram-o-nazismo

seja, algo que não conseguimos "ter certeza".

Vamos pegar um exemplo de narrativa que gosto[128].

Por que Brasil e EUA ficaram tão diferentes?

Ponto de partida dos dois: 1) dimensões continentais; 2) ricos em recursos naturais; 3) população originária de três continentes; 4) colonialismo e escravidão.

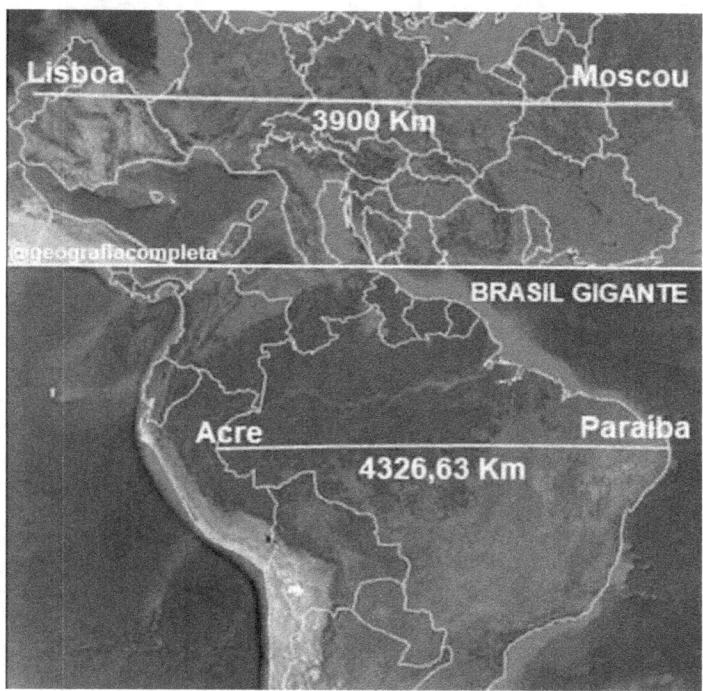

---

[128] Por que Brasil e EUA ficaram tão diferentes? Curso na Universidade de Chicago tenta explicar. https://www.youtube.com/watch?v=d3YGQPddK_U&t=200s. Acessado em 04/11/22.

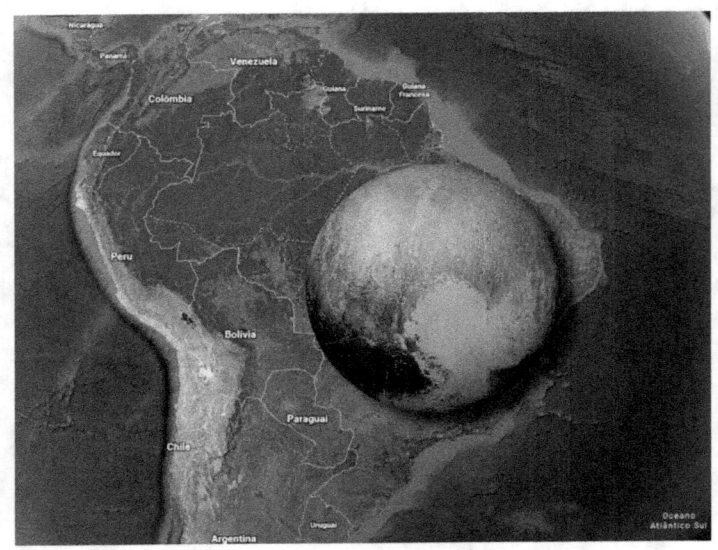

O "planeta" em questão é Plutão, um planeta anão.

O que ocorreu?

Narrativa #1: questão colonial

A colonização brasileira foi mais brutal, e impedia o desenvolvimento, enquanto a americana era mais livre, mais branda.

Essa narrativa é usada para justificar o fato do Brasil "ter ficado para trás", economicamente, e foi realmente a que aprendi, e até mesmo defendi. Contudo, devo ser honesto, logo quando comecei a estudar por conta, fora da escola, fora do padrão, ao ler digamos Laurentino Gomes, fica difícil aceitar essa narrativa.

Nova tese:

> *Relações entre indivíduos e os direitos de cidadania*

Eu gosto desta forma de pensar porque vai em direção ao que penso: "a grandiosidade de uma nação está no seu povo". Eu gosto de pensar que uma nação honesta não elege políticos corruptos, ou seja, não temos como fugir da corrupção sem olharmos para nós mesmos, tanto nas escolhas quanto na nossa corrupção de cada dia.

O fato de somente a corrupção do PT e do Lula incomodar, e não a do Bolsonaro, dos bolsonaristas, é algo preocupante. O fato de as pessoas considerarem corrupção o mensalão, mas não considerarem rachadinha, ou mesmo funcionário fantasma, é preocupante.

Como uma pessoa que estuda modelagem matemática, sabemos que sistemas complexos gera o que chamamos de propriedades emergentes: agendas individuais e autônomos geram o todo, gera comportamentos emergentes. Isso surge das interações individuais. O que é diferente digamos Itália do Brasil, e morei por quase seis anos na Itália, é a forma como eles se comportam; alguns gostam de chamar isso de memória cultural, se não me engano um termo de Jessé Souza.

Um erro comum é olhar religião de forma individual. Em geral, todo pastor e padre são pessoas amigáveis, e cristão são pessoas "abobadas", como essas pessoas podem causar o mal? Então, Hannah Aradchit entrevistou uma pessoa no nazismo, presa na Argentina, e fez a mesma pergunta. Sua resposta foi: a pessoa parou de fazer perguntas. Suas decisões levaram à morte de judeus, mas ela não sabia, e nem queria saber. Usavam uma linguagem que nega a responsabilidade individual, similar ao linguajar cristão, que externaliza responsabilidade. Isso se chama linguagem de burocrata.

Hannah Arendt, uma filósofa e teórica política, ficou conhecida por seu trabalho sobre a "banalidade do mal". Durante o julgamento de Adolf Eichmann, um oficial nazista capturado na Argentina e levado a Jerusalém, Arendt observou como Eichmann, responsável pela logística do transporte de milhões de judeus para campos de extermínio, se via apenas como um burocrata cumprindo ordens. Ele não fazia perguntas sobre as consequências de suas ações e se escondia atrás da linguagem burocrática para evitar a responsabilidade pessoal. Arendt destacou que essa atitude de não questionar e seguir ordens cegamente permitiu que atrocidades fossem cometidas sem que os indivíduos se sentissem moralmente responsáveis.

Se pegar italianos e colocar no Brasil, vai ver uma bagunça: em pouco tempo estarão pulando catraca e "dando um jeitinho". Isso é uma espécie de contrato social. Isso aparece em parte no livro *Lord of the Flies*: jovens britânicos ficam em uma ilha, sozinhos, em pouco tempo começam a se comportarem como selvagens.

> "O Senhor das Moscas" nos lembra que a memória cultural não é apenas uma lembrança do passado, mas também uma força dinâmica que molda nossa

identidade e influencia nossas escolhas. A obra nos convida a refletir sobre como as memórias coletivas afetam nossa sociedade e nossa humanidade.

Depois de 1831, o tráfico de escravos acabou na teoria, mas não na prática no Brasil. Isso afetou profundamente a nossa formação como nação. Os escravos continuaram na prática sendo importados, sendo importados ilegalmente. O próprio estado começou a trabalhar de forma a permitir essa ilegalidade, ou seja, o estado proibiu na teoria, mas na prática, permitia. Alguma semelhança com o caso da Polícia Rodoviária Federal (PRF) em 2022? De um lado o STF, de outro o que a polícia realmente faz.

O mais curioso que ainda vemos isso nos dias de hoje: o estado de um lado, e outas leis de outro. Vemos uma duplicidade de agentes, que deveriam ser um.

Atualmente, políticas de estados como "vamos acabar com a bandidagem" é somente uma continuação da tentativa de exterminar a população pobre, que um dia ocupou o lado de escravos, sem direitos.

Saímos de "Brasil, a pátria que educa", governo Dilma, para "vamos acabar com a bandidagem", governo Bolsonaro. O primeiro lema é inclusivo, o segundo exclusivo. O primeiro lema tenta colocar todos no mesmo barco, o segundo, jogar pessoas aos tubarões. Isso ficou evidente: durante o governo Bolsonaro, os investimentos em educação de pessoas mais velhas foi praticamente zerados. Esses programas ajudam adultos a conseguirem um grau, pelo menos, concluírem o ensino médio para terem um emprego melhor.

O Brasil nunca superou a escravidão na sua raiz, nem nos tempos modernos onde um ministro que deveria defender os negros nega a existência de racismo, onde uma parlamentar diz em parlamento que somos todos iguais, falando contra políticas de reparação histórica aos negros.

Aqui gostaria de fazer uma nota importante. No vídeo[129], temos uma americana falando do Brasil, isso poderia gerar ofensa em muitos, especialmente nas redes sociais. A diferença é que cada afirmação que a pessoa faz está amarrada em documentos históricos, que seria a evidência no campo da história. Ou seja, a diferença da opinião de Bob1234 no Twitter e dessa pesquisadora: ela pesquisou em vários documentos. Claro, se Bob1234 pesquisar, de forma cuidadosa, e fazer um doutorado, ou algo parecido, que tenha as devidas cobranças intelectuais, podemos considerar a opinião de Bob1234. Como gosto de brincar: a diferença entre uma sentença genial e estúpida não é o tamanho.

---

[129] https://youtu.be/d3YGQPddK_U?t=172

Nos Estados Unidos, a violência/brutalidade é geralmente legalizada; no Brasil geralmente, isso fica de forma real, contudo, ilegal. Muitas coisas que acontecem no Brasil são fora da lei, ao passo que nos Estados Unidos, está dentro da lei. Um exemplo que gosto, nesse caso é cortesia minha. O colapso de 2009 da economia americana ocorreu devido a um conjunto de corrupção, legalizada. Ou seja, não podemos falar de "criminosos", que levaram a uma recessão do país e do mundo. Basicamente, compraram ranqueamento de dívidas imobiliárias. Em essência, foi feito dentro da lei.

LAND OF FREEDOM

Narrativa #2: jeitinho brasileiro

Narrativa atual: "o jeitinho brasileiro é algo específico do Brasil".

Correção: não, isso não é!

A pesquisadora Brodwyn Fischer chama isso de *ideias hiper-reais*.

O jeitinho gera uma autoalimentação: a ideia de que o jeitinho brasileiro é específico do Brasil o valida, o torna algo "permitido" e normal. Ou seja, a ideia hiper-real, a autopercepção, torna o processo autoalimentado.

Estariam todos prontos para a verdade?

Religião é o maior exemplo de até onde pessoas estão dispostas a irem para fugirem da realidade. Um livro misterioso faz afirmações, sem qualquer prova e evidências da veracidade, sem qualquer forma de verificar de forma independente, como para onde vamos depois de morrermos, e como se preparar para essa vida pós-morte, e pronto, acreditamos. O desespero é tanto que acreditamos.

Para efeito de visualização, considere a seguinte estória; que eu inventei, não vai acreditar, por favor. Existe uma porta. Essa porta abre de tempos em tempos, ninguém sabe o que está do outro lado. Somente sabemos que pessoas entram na porta, nem sabemos quando a porta vai abrir. Alguém vende lanternas, dizendo que vai precisar porque lá é escuro. A lanterna custa caro, 10% do seu salário pelo resto da vida; além do seu voto e da sua subserviência em assuntos que o detentor da lanterna definir, sem questionar.

Ninguém ninguém nunca voltou para dizer se realmente precisamos de lanternas, ou mesmo se as lanternas existem, ou funcionam. Tudo se baseia em um livro que a pessoa segura nas mãos, e afirma ter sido escrito pelo dono da porta, que rege o outro lado com punhos de ferro. Ao detentor do livro o poder de administrar as pessoas do outro lado da porta foi dado pela figura do outro lado. Essa pessoa afirma, sem provas, de que ele tem um canal direto de comunicação com o outro lado da porta, comunica diariamente com o outro lado e ouve vozes, que ele chama de *revelações*, e sabe de tudo do outro lado da porta. Sim, acabei de descrever o cristianismo.

Uma teoria cuja veracidade está diretamente conectado à nossa felicidade. Nesse exato momento, estou em uma discussão interminável sobre a existência de Jesus, muitos outros entraram, estou em um grupo de debate no Facebook: ateísmo vs. teísmo.

Não conseguimos provar a existência de Sócrates[130], um pensador grego que acreditamos ter sido a fonte para escrever livros de filosofia grega largamente usados por

---

[130] Sócrates existiu de fato ou ele foi um personagem criado por Platão? https://bit.ly/47mS7vM

pensadores modernos, nem por isso nos degolamos em torno dele.

Se for no Quora:

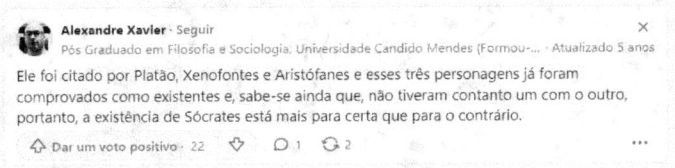

A argumentação de que "ele foi citado por fulano....então ele existe" também é usando largamente pelos cristãos para provar a existência de Jesus. Uma grande diferença é que Sócrates nunca andou em cima da água, ou foi dito ser filho de Deus, ou algo parecido. As façanhas de Sócrates era um cérebro genial, que sua existência não muda nada. Estudar Sócrates nunca foi obrigatório, idolatrar Sócrates nunca foi obrigatório, e menos ainda matamos pessoas por questionarem a sabedoria de Sócrates.

A existência de Sócrates não faz nenhuma diferença uma vez que sua existência se baseia na sua sabedoria, que nunca foi afirmada em ser divina: ninguém nunca matou em nome de Sócrates, ou qualquer pensador/cientista. No caso de Jesus, as pessoas se degolam em torno de uma figura que muito provavelmente foi criada com o intuito de controlar pessoas. Harari em seu livro *Sapiens*[131] conta como essas estórias foram importante para nos unir, repito: FORAM.

---

[131]*Sapiens: Uma breve história da humanidade* por Yuval Noah Harari

Antes de Jesus, pelos menos 16 pessoas foram crucificadas aclamando ser Jesus. Isso incluiu uma no Nepal, terra do budismo

Thulis of Egypt (1700 B.C.)
Krishna of India (1200 B.C.)
Crite of Chaldea (1200 B.C.)
Atys of Phrygia (1170 B.C.)
Thammuz or Tammuz of Syria (1160 B.C.)
Hesus or Eros (834 B.C.)
Bali of Orissa (725 B.C.)
Indra of Thibet (Tibet) (725 B.C.)
Iao of Nepaul (Nepal) (622 B.C.)
Buddha Sakia (Muni) of India (600 B.C.)
Mitra (Mithra) of Persia (600 B.C.)
Alcestos of Euripides (600 B.C.)
Quezalcoatl of Mexico (587 B.C.)
Wittoba of the Bilingonese (552 B.C.)
Prometheus or Æschylus of Caucasus (547 B.C.)
Quirinus of Rome (506 B.C.)

Ciência para não cientistas .: como ser mais racional em um mundo cada vez mais irracional (Vol. II: Religião)

O escorpião não mata humanos porque ele quer, ele não tem nenhuma intenção ou revanchismo com humanos. O veneno dele tem função de alimentação e defesa. Ele foi criado para baratas, e outros escorpiões. O fato do veneno do escorpião funcionar em humanos é meramente um acidente devido ao fato de que somos a mesma "espécie": todo ser vivo compartilha muito em comum.

Com tecnologia moderna, uma pessoa pode mostrar que temos não somente genes de macacos, como temos de crocodilos. Conseguimos dizer o quão somos próximos de cada espécie, tanto vivas quanto desaparecidas/extintas. Dos hominídeos viventes, os mais próximos da nossa espécie são os chimpanzés e os macacos bonobos (do gênero Pan). A separação evolutiva entre o ancestral comum dos humanos e dos chimpanzés se deu há cerca de 7 milhões de anos[132].

---

[132] https://bit.ly/3MDQMY7

Quando Darwin propôs a teoria da evolução, o máximo que conseguiu foi usar o fenótipo: o que vemos na parte de fora de cada organismo. Posteriormente, o padre Mendel mostrou como fenótipos eram passados usando estudos com ervilhas. Com tecnologia moderna, podemos olhar o genótipo: o que gera esse fenótipo.

Aprendemos, como exemplo, que não somente as espécies evoluíram como também a forma como os genes se comunicam: Redes Funcionais, _Transcritoma_. Isso também pode ser achado entre espécies. Transcritoma foi originalmente estudado em organismo unicelulares chamados _Saccharomyces cerevisiae_. A complexidade humana reside nessas redes, não na quantidade de genes que temos. Arroz tem mais genes do que humanos.

A ciência busca a verdade, mas não como conceito imutável, mas como busca eterna. A religião usa a mesma bíblia que foi escrita há +2.000 anos: pequenas mudanças foram oficialmente feitas, mas o livro é o mesmo. Contudo, a afirmação de que o livro nunca mudou é falsa. A Bíblia é um compilado de textos de autorias duvidosas, que foram incorporadas, editadas e modificadas para fazer sentido com um livro, que é a Bíblia. Mesmo assim, a Bíblia sofre de lógica, e erros temporais. Em uma passagem no antigo testamento, longe de ser a única inconsistência, a uma menção a Jesus antes dele nascer no novo testamento. O que os crentes fazem é driblar essas coisas com racionalização. Como exemplo, em um site dos Testemunhas de Jeová, eles negam que a Bíblia diz que a terra é plana. Afirmam que os termos usados não podem ser interpretado literalmente. Esse truque, de que "está interpretando literalmente", dá origem ao cristianismo moderno em suas várias formas, como o teísmo aberto. Isso é meramente um truque para escapar, sem aceitar, essas inconsistências. Em qualquer forma de texto, que não seja a Bíblia, esses problemas seriam o suficiente para abandonar o livro. No caso da Bíblia, parte dos cristãos seguem batendo o pé de que é verdade, e parte segue criando versões modernos, que seriam do tipo "não é bem assim, olha aqui o queria dizer", roubando descaradamente pensamento moderno no processo de racionalização. Vamos voltar nisso no vol. II, com o exemplo de Adão e Eva.

O que fazem é interpretar a realidade, dentro dos moldes deste manual de como viver uma vida feliz, e garantir seu lugar, como VIP, no pós-vida. Estou falando no que vejo, no dia a dia, com pessoas que converso. Ou mesmo, interações online.

O criacionismo te diz que Deus criou tudo, e que em um transplante de costelas, a mulher foi feita. Isso seria até aceitável para uma criança. A quantidade de perguntas que surgem são infinitas. Como exemplo, quem criou Deus? Ele surgiu do nada? Se você está satisfeito com Deus surgindo do nada, por que não aplicar a mesma régua à teoria do *Big Bang*? Sim, a teoria do *Big Bang* não explica de onde veio a energia, nem como essa explosão ocorreu. Menos ainda sua religião explica de onde vem Deus.

> "tão pateticamente absurdo e... infantil que é humilhante e constrangedor pensar que a maioria das pessoas nunca vai superá-lo." Sigmund Freud, o pai da psicanálise, sobre religião[133].

A ciência muda o tempo todo. Toda teoria científica deixa abertura para novas descobertas. Estamos indo em direção aos pensamentos de Deus, mas nunca saberemos

---

[133]C.S. Lewis and Sigmund Freud. https://www.independent.org/publications/article.asp?id=1668

quando vamos chegar no final. O Big Bang explica que o universo expande, mas não diz quando o tempo começou, quando foi a primeira badalada do tempo, nem mesmo de onde vem a energia que temos no universo. Nesse exato momento, alguém, em algum canto, está escrevendo um artigo, que vai mudar nossa visão de mundo, que vai levar ao prêmio Nobel, à maior honraria no campo da ciência.

Infelizmente, parece-me, nem todos estão prontos para a verdade.

Um exemplo claro seria o que discutimos nesse livro. Muitas notícias falsas somente são possíveis pelo desespero social em acreditar em algo fora da realidade: um salvador da pátria. O político antissistema, que vai fazer política sem se misturar com o sistema, puro e intocável pelas águas da corrupção. Isso é virtualmente impossível, se formos considerar a realidade. Para mim, supondo que ele realmente fosse honesto, prefiro o corrupto que consegue governar. Não fazer nada, ou mesmo destruir tudo, pode ser pior. Mas... preferimos nos apegar em versões heroicas e impossível da realidade.

Como uma pessoa que passou +30 anos na política seria antissistema?

Até o cachorro dele tem um cargo no governo.

A pessoa cria uma visão impossível do político ideal, na falta dele, eles criam um. Bolsonaro nasceu dessa idealização do político, e do cansaço coletivo em procurar esse político ideal, romantizado, com a moral acima da média, acima de todos. Na falta, criaram um. Acreditar em fake news é a forma de não enfrentar a mentira. Um político, experimentalmente falando, vai ter uma moral pior do que a média. Isso é a realidade, não a idealização. Claro que precisamos procurar políticos bons, mas isso não pode beirar a idolatração de imagens, de ideias inalcançáveis.

Se um dia teremos uma/um política(o) como a primeira ministra da Alemanha, anos no poder sem um único caso de corrupção, isso será gradual; e menos ainda devemos dizer que "ah, os alemães são superiores, nós somos corruptor no DNA". Não haverá, como Bolsonaro esbravejava constantemente, um dia corrupção, outro dia. Corrupção é um processo, ela se esconde como baratas à noite, e quando menos se espera, ela volta, e volta mais forte.

Infelizmente, parece-me, nem todos estão prontos, ou mesmo querem, encarar a realidade de frente.

O que são evidências?

"Os Estados Unidos irão aumentar a taxa básica de juros da economia,

até haver evidências de controle de inflação",

diz comentarista político

Existe uma tonelada de evidências para provar a existência de Jesus, disse uma pessoa em um grupo online de discussão.

A Bíblia não é evidências, ela é a afirmação que precisa de evidências; menos ainda textos que por *si* precisam de evidência da veracidade e credibilidade. Textos que se baseiam em estórias que foram contadas de boca a boca por décadas antes de serem escritas não são fontes confiáveis, ao menos que terceiros possam verificar as afirmações de firma independente.

No caso de Sócrates, mesmo com evidências mais fortes do que Jesus, uma vez que outros grandes pensadores que existiram o mencionaram pelo nome, ainda assim não assumimos sua existência com certeza, como os cristãos assumem de Jesus. Diferente do que os cristãos dizem, isso não é um problema, uma birra, ser chato. Isso é praticar o ceticismo, que é saudável. Ninguém decide votar em um político somente porque ele acredita em

Sócrates, ou considera Sócrates um Deus devido a sua inteligência até hoje admirada, menos ainda afirmamos que Sócrates tinha uma linha direta com Deus, que lhe dava sua sabedoria.

A ideia de Jesus ser Deus é recente. Isso venho depois de debates entre os cristãos, lembrando que os cristãos mataram outros cristãos que pensavam diferente: a primeira grande vítima do cristianismo, antes dos séculos de matança em nome de Deus, foram os próprios cristãos. Os Testemunhas de Jeová separam Deus de Jesus, eles foram perseguidos durante a ditadura militar no Brasil, que era cristão como país, hoje, desde a constituição de 1988, somos laicos.

Esse tema pode ser complicado mesmo para a ciência, mas podemos dizer o que é evidência para cada área. Quando digo complicado, digo que estamos sempre revisando o que é evidência. Não digo a evidência em si, mas o conceito. Como exemplo, medir a velocidade sempre foi evidência, e sempre será; podemos evoluir em como a velocidade é medida, mas é uma evidência que pode te levar a perder pontos na carteira, ou ser acusado de ter causado um acidente com mortos na estrada.

Revisamos para incluir novas formas de evidências, e consertar possíveis erros de conceito. Isso é ciência, uma busca eterna por entender a realidade, e nos adaptarmos às novas tecnologias e paradigmas. Um exemplo claro é a eliminação de testemunho ocular com evidência suficiente para prender uma pessoa. Isso depois de inúmeras pessoas serem presa por testemunhos ocular falsos, a memória humana é dinâmica, e pode ser induzida a errar depois de traumas.

Efeito Mandela é um fenômeno onde um grande grupo de pessoas acredita que algo aconteceu, mas na verdade nunca ocorreu. Um exemplo famoso é a crença de que **Nelson Mandela** morreu na prisão nos anos 1980, quando na verdade ele foi libertado em 1990 e se tornou presidente da África do Sul em 1994. Outro exemplo específico envolvendo um presidente dos EUA é a falsa memória de que George Washington tinha dentes de madeira. Na realidade, seus dentes eram feitos de uma combinação de materiais, incluindo marfim de hipopótamo, ouro e chumbo.

Isso mostra que mesmo o coletivo, mesmo na era da internet, da informação, podem errar feio. Agora, imagina na época de Jesus, nos tempos que sua suposta existência foi passada por décadas sem serem escritas. Não foram seus discípulos que escreveram as Bíblia.

Os Evangelhos do Novo Testamento, que são as principais fontes sobre a vida de Jesus, foram escritos por diferentes autores, alguns dos quais não eram discípulos diretos. Por exemplo, o Evangelho de Marcos é considerado o mais antigo e foi escrito por volta de 70 D.C. (Depois de Cristo), enquanto o Evangelho de João foi escrito mais tarde, por volta de 90-100 d.C. Isso coloca um afastamento de 70-100 anos desde o ocorrido, sendo passado de boca a boca por analfabetos.

Talvez o exemplo mais interessante sobre evidência seria a história. Uma versão largamente aceita pode ser revisada depois de mais evidência. Sempre aparece evidências sobre a história de Cristo. Como exemplo, alguns revisaram a história ao acharem um corpo que pode ser o de Cristo[134], o que elimina a narrativa de ressurreição.

Schrödinger divino: uma disciplina esquecida

Primeiramente, deixe-me compartilhar uma estória que me levou a pensar nisso de forma mais profunda.

Estava conversando com um amigo religioso, apoiador do atual presidente, que perdeu! Então, falei de vários processos na polícia federal. Segundo ele, polícia federal não é evidência. Quando funciona corretamente, a política federal se baseia em evidências. É por isso que o candidato dele não foi preso, pois estavam juntando as evidências, dentro da lei, dentro do que chamam de evidências.

---

[134]Cientistas da 'National Geographic' exibiram a superfície original do que se considera a tumba de Cristo.
https://brasil.elpais.com/brasil/2016/10/28/cultura/1477671780_437738.html

A lei é um caso interessante, isso no mundo todo. Mesmo o conceito de evidência vem mudando. Durante o período imperial, se não me falha a memória, somente alguém fazer uma denúncia anônima seria evidência. O que não vem como surpresa: as pessoas poderiam usar a justiça para desavenças pessoais. Depois, algo mais recente, o testemunho ocular era evidência suficiente. Teve um caso mais recente de uma pessoa que passou anos na prisão devido ao testemunho ocular. O problema nessa forma de condenar: a memória humana é susceptível a momentos de emoção intensa, que é onde geralmente esses crimes ocorrem.

Outro exemplo interessante: uso de DNA para incriminar pessoas. Nem sempre foi assim, isso somente foi aceito recentemente.

Outro caso interessante ocorreu nos Estados Unidos[135], um policial foi preso por ver um crime do lado dele, e não fez nada. Passou um criminoso fugindo, e ele deixou passar. Ele sempre negou ter visto. Isso parecer ser o que

---

[135] The Invisible Gorilla: How Our Intuitions Deceive Us. por: Christopher Chabris, Daniel Simons

alguns descobriram em um experimento com um gorila de mentira. Pessoas são direcionadas a contarem uma bola que passa de mão em mão, um time veste branco, outro veste preto. Um gorila falso entra na cena, bate no peito e sai. Muitas pessoas não enxergam o gorila, eu mesmo fiz esse experimento. Um amigo voltou o vídeo e não viu gorila[136].

Sam Harris conclui algo interessante. Esses experimentos físicos, como o do gorila, os ensina sobre como nosso cérebro funciona.

> "Parece bastante provável que entender uma proposição seja análogo a perceber um objeto no espaço físico."
> A morte da fé (Sam Harris)

Isso ocorre porque como no caso do policial, que estava no seu próprio caso: quando estamos concentrados em uma tarefa cognitiva, ficamos "cegos". A concentração é um recurso limitado no cérebro humano. Quando foco em algo, fico "cego". Talvez seja isso que os mágicos descobriram empiricamente. Quando você olha para uma mão, a mágica ocorre na outra. Desvio de atenção! O tal presidente do bem governou assim: cortina de fumaça, estilo ninja. Sempre que algo importante para a população entrava em palta, ele jogava uma cortina de fumaça, estilo ninja.

---

[136] Como um gorila mudou a forma como vemos a mente humana. https://www.youtube.com/watch?v=59IYlG1glR8&t=134s

Pense em política como um cientista: aprenda a ser o mais racional possível

Algo curioso que notei, em especial nas eleições de 2022, entre amigos que conheço de certa forma intimamente, que consigo fazer um juízo de valor do intelecto: mesmo as pessoas mais "geniais", como eu definiria, parecem ficar irracionais quando se fala de política. Depois de concluir o vol. II da série, isso me parece mais evidente quando religião se une a política: bolsonarismo, nacionalismo cristã. Parece-me que o pensamento cristã contamina o pensamento politico.

Uma pessoa que conheço, que fez faculdade comigo, fizemos metodologia científica na mesma classe. Em uma conversa, ele usou um print da página do Bolsonaro no Facebook como fonte. Quando chamei a atenção dele, ele admitiu não ter checado a fonte antes de compartilhar na discussão. Como disse a ele, fica difícil levar uma pessoa a série sabendo que ela não checa as fontes, que não pondera a origem da informação que compartilha. Na metodologia científica, aprendemos a usar fontes, a checar fontes, a ponderar fontes. Na metologia científica, aprendemos a escrever com fontes.

Atualmente, esse mesmo mecanismo se virou contra o Xandão, que foi, e tem sido alvo da extrema direita, agora mundial também com Elon Musk.

O que é mais curioso: parece uma desativação seletiva, em assuntos de interesse do líder, como corrupção e transparência do governo. Isso ocorrem em governos autoritário em todo o mundo, e no passado com o fascismo. Ou seja, o desligamento da razão parece ser seletivo. A pessoa continua socialmente e profissionalmente funcional, mas facilmente maleável em assuntos que o governo quer ter controle.

Agora que tenho mais entendimento do bolsonarismo, ele é basicamente o nacionalista cristã (religião transvertida de movimento político legítimo). Isso que estamos vendo é o vírus da religião ativando, ele fica dormente na maior parte do tempo, para sobreviver ao mundo moderno. Ele transforma pessoas extremamente racionais em defensores de atrocidades. Ver pessoas sensatas e boas defendendo misoginia, racismo e mais, é algo no mínimo curioso. A fé existe com um centro, a Bíblia. Contudo, tudo que gira em torno também se forna fé e inquestionável. Ou seja, a fé surge como um planeja solar: a Bíblia no centro, e crenças igualmente não criticáveis em torno, essas crenças simplesmente surgem, e simplesmente são adicionadas ao sistema solar. Qualquer assunto que algum líder político consiga embalar com religião, eles vão engolir. Para matar um cachorro, somente coloque o veneno dentro da carne. Ele vai engoli sem mastigar.

> *"Aqueles que podem te fazer acreditar em absurdos, podem te fazer cometer atrocidades." Voltaire*

Como destaca Patrícia Campos Mello em seu livro "A máquina do ódio": a Rússia gasta muito para impedir informações de entrarem na sociedade, a China em temas sensíveis, no caso do bolsonarismo, descobriram que somente se precisa sobrecarregar as pessoas. Como destaca Daniel Kahneman em seu livro Rápido e devagar:

> *"uma forma de fazer as pessoas acreditarem em coisas falsas é a repetição, devido ao fato de que familiaridade não é facilmente separada da verdade. Instituições autoritárias e marqueteiros sempre souberam disso"*

É como se todo o treinamento que receberam nas suas respectivas carreiras se tornasse inválido.

> *Por que as pessoas, em geral, quando vão falar de algo que são especialistas pesquisam, mas em política, as pessoas insistem em falar de cabeça?*

Ou seja,

> *por que assumimos que política é fácil e pode ser entendida de cabeça, sem esforço intelectual?*

> *Por que damos tão pouco valor ao teor científico da política?*

Um amigo engenheiro tentou justificar isso dizendo que "nós engenheiros somos sempre racionais", perfeito, e daí? Note que ele está somente repetido o que pastores espalham. Isso é muito comum em debates onde cristão tentam defender sua posição insinuando que a racionalidade tem seus limites. Contudo, eles nunca apontam qual e como. Eles fazem afirmações, sem demonstrarem nada. É uma afirmação em cima da outra. Todas intocáveis tanto na crítica quando em evidências. Como no caso da analogia do planeta, eles vão colocando novas planetas à reveria, simplesmente para que tudo faça sentido.

O religioso inicia a conversa dizendo: você não sabe o que está falando. Depois que ele começa a explicar o que você supostamente não sabe sobre Deus e o Universo.

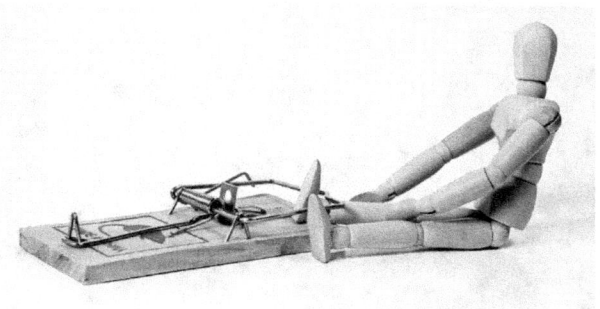

Fico com pena dos cientistas políticos: suas opiniões devem valer tanto quanto a um Tweet de Bob345!

Esse fenômeno não é totalmente desconhecido. Algumas pesquisas apontam que quando pesquisadores precisam interpretar resultados ideológicos, como porte de armas, ou seja, assuntos fortemente politizados, isso influencia sua interpretação[137]. Criando o que chamamos de *tendência cognitiva*. Ou seja, nem mesmo os mais treinados conseguem mitigar os efeitos negativos que política, inserida dentro do intelecto humano, cria. Seria como uma falha do pensamento humano, um *viés cognitivo*. Religião pode fazer estrado parecido, ou pior.

Obrigado Deus por nos permite concluir nossa pesquisa. Sem o seu manto, nunca teríamos publicado o artigo, aceito.
Prometo nunca fazer pesquisas em células troca e barrar qualquer pessoa que o faça. A somente o Senhor é dado o poder da vida.
Amém

---

[137] https://youtube.com/clip/Ugkxeo28Rw5k4vsEqZ2jZsZyUwA2o1JYcgm9. Clip por Jorge Guerra Pires de "Por que ideologias podem emburrecer" https://www.youtube.com/clip/Ugkxeo28Rw5k4vsEqZ2jZsZyUwA2o1JYcgm9 . Acessado em 03/11/22.

Outro ponto interessante de pessoas treinadas[138]: a mesma capacidade que as levam a conseguir títulos acadêmicos e desenvolver teorias para a ciência pode ser uma armadilha no contexto de racionalizar. Ou seja, a mesma arma usada "para o bem" pode ser usada para justificar situações de erros, de desserviços à ciência, à sociedade. No livro "Por que pessoas inteligentes fazem coisas estúpidas", mostra-se que parte da estupidez das pessoas inteligentes tem conexão com sua capacidade cognitiva acima da média. Isso aumenta o poder de racionalização.

Racionalização e raciocinar são basicamente as mesmas coisas, somente muda o que usamos como base: na racionalização, estamos criando argumentações para manter uma visão mesmo contra evidências; no raciocínio, respeitamos as evidências, e criamos um raciocínio. São tecnicamente a mesma coisa. Na racionalização, pessoas podem usar até teorias. Existem inúmeros casos de bolsonaristas citando grandes pensadores.

---

[138] Why Smart People Can Be So Stupid. Book by Robert Sternberg

Racionalização é quando criamos estórias para justificar aquilo que pensamos, mas não podemos dizer socialmente, seria uma forma de seguirmos com nossas escolhas, sem encarar o custo social sobre nossa imagem pública.

Como exemplo, não posso falar por todos os eleitores do Bolsonaro, mas suspeito que muitos gostaria de ser possível resolver problemas no revólver, que seria nossa intolerância. Falava com uma senhora, que conheço há tempos, uma senhora religiosa e bondosa, ela disse: gostaria de te bater. Isso depois de discordamos em muitos assuntos em torno da política. Eu me recusei em aceitar as notícias falsas que ela tentava me empurrar sobre o Lula, claramente desinformada. Claro, ela falava brincando, mas toda brincadeira esconde algo. Como as brincadeiras sobre negros, que escondem racismo.

Outros pensam em questões religiosas. Como esses assuntos já são batidos, ou mesmo são reprimidos em certos ambientes, cria-se teorias furadas. O fato de um presidente racista, misógino, e outras coisas mais, ter quase metade dos votos como presidente é preocupante socialmente. Mesmo fenômeno é relatado nos Estados Unidos com relação a Trump, ver livro "Todos mentem" Seth Stephens-Davidowitz. Mesmo agora que ele foi condenado, ainda assim pessoas vão votar nele.

> Ao observar o mundo, você percebe que cada pequeno avanço no sentimento humanitário, cada melhoria na legislação criminal, cada passo para a diminuição das guerras, cada passo para um melhor tratamento das raças não brancas, ou cada mitigação da escravidão, cada progresso moral que houve no mundo, *foi consistentemente combatido pelas igrejas organizadas do mundo.* Bertrand Russell

Com as mudanças sociais, emancipação das mulheres e negros, ficou arriscado falar abertamente de racismo, de praticar, ou mesmo misoginia. Nesse sentido, é totalmente lógico que eles se esconderiam no cristianismo (nacionalismo cristã), no bolsonarismo. Um sujeito aparece, e não somente aparece como tinha vídeos dele ainda de fraudes, xingando negros, índios e mais, isso seria o que grande parte da população queria: chega de mimi. Todas essas pessoas querendo um lugar na sociedade, são pessoas que não querem trabalhar. Se trabalhar, qualquer pessoa consegue, diria eles. Bolsa família é para vagabundagem, pobre tem que trabalhar e pronto.

Antes se chamava um preto de preto safado na cara, hoje se dizem que não existe racismo. É a mesma coisa. Somente mudaram como praticam o racismo.

Esse tipo de foto onde não aparece socialmente, nem em pesquisas, chama-se o *voto envergonhado*: esse fenômeno foi primeiramente visto no trumpismo, mas existe no bolsonarismo, da mesma forma. As pessoas mentem até para pesquisas. Contudo, o Google consegue pegar. Ver livro "Todos mentem" Seth Stephens-Davidowitz.

Eu consigo cheirar essas furadas a quilômetros, algumas vezes não falo nada para evitar conflitos desnecessários; decidir que quando notar que a pessoa realmente apelou, prefiro não gastar energia. Uma vez, um amigo me perguntou, religioso: "como a ciência explica um homem subindo pelas paredes?", não respondi, mas não explica porque não existe! Com exceção de filmes de *Hollywood*.

Eu percebo que religiosos parecem serem bons nisso. Talvez, com o exercício diário de racionalizar a Bíblia, a pessoa aprender a racionalizar qualquer coisa. A pessoa aprende que uma argumentação se ganha jogando papel molhado na parede, e ver o que cola. Os políticos fazem isso, eles soltam ideias e vê se cola. Como exemplo, a ideia de ideologia de gênero não faz nenhum sentido lógico, não da forma como eles usam. Eles ignoram que dizer quem é homem e quem é mulher é sim uma forma de ideologia de gênero, se fôssemos usar esse temo seriamente: "homens vestem azul e mulheres vestem rosa".

Essas teorias servem como formas de justificar o voto socialmente, mas longe de ter qualquer lógica. O exemplo mais fácil: a corrupção do PT: *onde o seu oponente é honesto?*

Leitura recomendada, para reflexão: "CORRUPÇÃO DE JAIR BOLSONARO NÃO AFETA SUA VOTAÇÃO PORQUE NÃO CAUSA RESSENTIMENTO NO ELEITOR" de Christian Dunker.

Eu mesmo ouvi vários eleitores do Bolsonaro, de amigos próximos as pessoas que conheci: quanto mais falavam, menos me convenciam. Isso me fez mesmo indagar minha capacidade cognitiva: se essas pessoas conseguem empurrar teorias furadas com tanta veemência, porque eu não o faço? Ou seja, estaria eu imune à essa armadilha cognitiva? Na psicologia, isso talvez seja o que chamam de *dissonância cognitiva*.

Para cada solução correta, existem inúmeras erradas. Na pesquisa operacional, área da engenharia de produção para tomada de decisão, criamos algoritmos para achar as certas, uma vez que erradas existem infinitas.

Não sei dizer se realmente é racionalização, ou outro fenômeno psicológico, mas as explicações são furadas. O problema nem é o furo em si, mas caso rebata: a pessoa em geral leva para o lado pessoal. Como disse um amigo, que não é um intelectual: "parece que vivem em outro mundo, parece que fizeram lavagem cerebral neles"[139]. Como exemplo, um amigo discordou de mim sobre a queda da inflação, que eu acreditava ser enganadora, e era: como investidor, sugeri cautela. Isso morreu aí.

---

[139] Isso me faz lembrar de mito da "Torre de Babel". Pessoas que não conseguiam mais comunicar.

Quando discordamos no campo político, parece-me que a discussão ganhou um teor mais forte.

Alguns afirmam que Isaac Newton disse, quando perdeu dinheiro na bolsa de valores:

> "Eu consigo calcular o movimento dos corpos celestiais, mas não a loucura das pessoas.".

Einstein também disse com relação a mudar as pessoas:

> "É mais fácil desnaturar o plutônio do que desnaturar o espírito maligno do homem." - Albert Einstein

Ou seja, se usarmos esses dois gênios, estamos perdidos. De um lado a loucura humana, de outro a dificuldade de mudar essa loucura.

Adicionalmente:

> "É mais fácil enganar as pessoas do que convencê-las de que foram enganadas." Mark Twain

Einstein sobre a política disse: o fato é simples, a política é mais complexa do que a física.

Considero a política ainda mais complexa do que ações: o mercado mobiliário tem regras, isso obriga as empresas como exemplo a não omitirem informações, algo que não é a regra na política. *Fake News* no mundo das ações gera processo na certa. A Comissão de Valores Mobiliários (CVM), que regulamenta o mercado de ações no Brasil, já investigou empresas por mesmo serem suspeitas de manipulação do mercado, mesmo suspeitas pequenas. No mercado de ações, empresas estatais são evitadas, por "medo da canetada", que seria a política se misturando ao mercado de ações.

Quando comecei a me interessar por política, em 2018, percebi que minhas opiniões eram rasas, então decidi começar a ler. Quanto mais lia, quanto mais pensava, mais percebia minha ignorância. As pessoas, em geral, ficam anos nas mesmas narrativas, quando falamos de política. Existe uma observação de cientistas das ciências cognitivas:

> *"O efeito Dunning-Kruger é o viés cognitivo pelo qual pessoas com baixa habilidade em uma tarefa superestimam sua habilidade. Alguns pesquisadores também incluem em sua definição o efeito oposto para as pessoas de alto desempenho: sua tendência a subestimar suas habilidades."* <u>Wikipédia</u>

Colocando em português simples: quanto mais alguém for ignorante em algo, mais se acha inteligente. Ou seja, a inteligência consegue ver a ignorância, mas a ignorância é muito ignorante para ver sua própria ignorância.

Pegue como exemplo, entre vários possíveis, o caso da Marina Silva. A narrativa quando comecei a me interessar pela política quando falava da Marina era que ela somente aparecia a cada quatro anos, eu mesmo usei essa narrativa, até ouvir a versão dela: "eu não vivo de política, eu sou professora, trabalho", disse ela em entrevista.

As pessoas falam de ter não-políticos na política: eis um exemplo! Mas são as mesmas pessoas que a chutaram fora, em nome de um político sanguessuga, que ficou trinta anos na política, sem fazer nada, que se definia como honesto, e ninguém se deu o trabalho de pesquisar: não seria necessário ir longe, seus adversários trouxeram tudo nos debates. Pior do que o caso de Paulo Freire: os oponentes tentaram esfregar na cara do eleitorado, em horário televisivo, não funcionou. E a moça do Açaí?[140] Também não funcionou.

Nesse exato momento, onde moro, estou vendo um dos candidatos mais sujos, com 2 condenações e mais uma a caminho, liderando a possibilidade de ganhar como prefeito. O mais bizarro: o motivo de uma das condenações é exatamente o que tenta fazer agora: formar um império familiar na região, com pessoas próximas, como o irmão, em cargos em diferentes cidades próximas.

Note que "irracional" é algo que defino como a incapacidade ou mesmo interesse de acessar a razão; ou mesmo que em algum ponto os eleitores do Bolsonaro foram racionais! Racionalidade para mim é a capacidade

---

[140] MPF pede condenação de Bolsonaro e 'Wal do Açaí' por improbidade. https://www.youtube.com/watch?v=jisGvzeqU5U

de explicar eventos sem a necessidade de fé, de cresças. Um argumento racional não depende da pessoa, da fé, ou de livros sagrados. Quando digo que Jesus morreu por nós na cruz, e como consequência isso nos obriga a servir ele, isso não fez sentido para mim nem quando eu era criança. Não faz nenhum sentido uma pessoa morrer por outra, e menos ainda isso servir como base para submissão de gerações por vir.

Alguns argumentam que essa ideia pode ter nascido dos cristãos do passado, de que precisamos de sangue derramado para perdoar nossos pecados: o sacrifício de animais era a regra dentro de rituais cristãs, e sacrificar um humano seria o ponto mais alto dessa ritual. Não é necessário ser um ex-cristão para perceber que isso é uma chantagem emocional, um truque para prender a pessoa a aceitar Jesus como salvador[141]. Isso nos torna escravos como regra de Jesus: todos nascem pegadores, mesmo antes de pegar, aceitar Jesus é a única saída.

---

[141]The Manipulative Nature of the Gospel Message. https://www.youtube.com/watch?v=Hc2zOqlmjQE&t=1078s

Eu já disse que não vou aceitar
Jesus como meu salvador

E para de assustador os
passageiros
O avião não vai cair

Jesus morreu na cruz por você! Seu ingrato!

Ele é onisciente, então ele sabia de tudo, até mesmo da mentira do diabo. Isso não foi uma escolha, foi uma encenação.

Estamos assumindo que os humanos podem ser racionais. Como exemplo, se alguém é um engenheiro, isso significa que passou por todo um período de razão.

Novamente, racionalidade seria a capacidade de argumentar sem a necessidade de recorrer à fé. Afirmações que ouço com frequência: mas a ciência não se aplica à fé, ou "mas seria realmente a fé explicável"; ouço isso de um engenheiro quando mando minhas postagens mostrando os furos da religião, um engenheiro que me influenciou a ser o que sou hoje, pensador em geral. Contudo, isso nunca é demonstrado, nem mesmo de forma fraca. É uma afirmação tirada do chapéu com o objetivo de inibir questionamentos, e proteger a fé. Como sabemos isso??? Não sabemos, assumimos.

Se digo que para todo número primo, haverá um próximo, consigo mostrar isso. Esse é mais difícil de mostrar. Vamos usar um simples de demonstrar. Isso se chama teoria dos números.

Como exemplo, de um raciocínio que faz afirmações fortes, do que nunca vimos usando afirmações: todo número é ímpar ou par.

Suponha que diga que todo número é par ou ímpar. Isso é uma afirmação forte. Preciso de fé? Não.

Considere um número par x. Agora adicione 1 a ele. Isso seria x+1. Um número par é divisível por 2. Ou seja, x/2+1/2. Isso significa que o próximo é ímpar. Agora adicione 2: x/2+1. Como x é par, temos o próximo sendo ímpar. Se for ímpar, pode ir adicionado até ser divisível por 2. Ou seja, não precisamos de fé para aceitar que todo número vai ser par ou ímpar. Lembra do "par ou ímpar?", brincadeira de criança!

Isso nos leva a considerar duas hipóteses para explicar a falhar de tornar nossos profissionais melhores eleitores: nosso sistema de ensino não entrega o que promete, ou, política é um campo que desativa nossa razão. Acredito que há um pouco de cada.

No Linhas Cruzadas, pergunta-se se "a política é racional"; eu me perguntei se "a ciência é sempre racional", seguindo a mesma linha. Não, não acredito que a política seja racional, nem acredito que a ciência seja sempre racional. Curiosamente, mesmo cientistas quando viram religiosos perdem a racionalidade quando falamos de assuntos religiosos. Um cientista pode ser estudioso de assuntos onde a racionalidade é necessário, mas conviver com criacionismo. Chega a ser engraçado quando cientistas são religiosos.

> *"Praticamente nenhum. Ocasionalmente, eu os encontro, e fico um pouco constrangido [risos], porque, sabe, não consigo acreditar que alguém aceite a verdade por revelação."* James Watson quando questionado se conhece cientistas religiosos

Revelação, a que Watson se refere, é a ideia de que pessoas ao lerem a Bíblia podem ouvir mensagens de Deus, algo assim. O evangelho se baseia nisso: qualquer pessoa pode falar com Deus. Eu sempre achei bizarro isso. Eu nunca diria: se eu ler os trabalhos de Newton, eu vou achar algo que ninguém achou, uma revelação. Uma vez uma pessoa ficou nervosa comigo quando falei isso com ela, no Facebook. Ela disse nunca ter lido a Bíblia, e a defendia, me deu *unfriend* no Facebook quando disse: não vai achar nada, Newton não achou. Ela parece acreditar que mesmo depois de séculos, de pessoas incluindo Newton, lendo a Bíblia, ela vai achar algo que ninguém achou. Isso seria a revelação que os cristãos acreditam. Para mim, essa é uma das ideias mais sem sentido do cristianismo.

O fator de irracionalidade é o fator humano, que contamina mais a política. As regras da ciência, como o método científico, servem em grande parte para eliminar o fator humano, o que não ocorre na política. Nem mesmo a constituição representada pela justiça cega consegue barrar a irracionalidade. Isso porque diferente da ciência, a política foi feita para o povo. Na política, a barganha e troca de favores é a regra, na ciência é malvisto, apesar de existir[142].

Ainda mais, perguntei-me:

Por que as pessoas acham que sabem tudo de política, mas não de ciência?

Parece-me, baseado em leituras, que Freud indagou o mesmo a Einstein: pessoas metiam a colher no trabalho de Freud, mas não de Einstein. Não acredito que seja devido à dificuldade: a psicanálise é tão complicado quanto a política, que pode ser mais complicado do que a física. Não temos modelos matemáticos para a política, temos modelos qualitativos como as teorias de Adam Smith e Karl Marx.

Esse é um fenômeno interessante.

Talvez parte da explicação seja da familiaridade: achamos que o sentimento de familiaridade se traduz em entendimento cognitivo, o que é uma *ilusão de validação*[143].

---

[142] O "toma lá dá cá" e "balcão de negócios" da pesquisa brasileira. https://medium.com/manual-de-bolso-do-jovem-pesquisador-da-inicia%C3%A7%C3%A3o/o-toma-l%C3%A1-d%C3%A1-c%C3%A1-e-balc%C3%A3o-de-neg%C3%B3cios-da-pesquisa-brasileira-bf72741fe951

[143] Estou pegando emprestado, e extrapolando, o termo de Daniel Kahneman. Ver: https://medium.datadriveninvestor.com/how-much-do-we-have-to-know-to-predict-1214ef2a9fa1

Como exemplo, geralmente, estamos certos de que conhecemos as pessoas a nossa volta, 100%. Isso geralmente é fruto de muitos conflitos, como a frase "não faça com os outros o que não gostaria que fizessem com você", agora substituído por "faça com os outros o que eles querem que seja feito com eles". A primeira frase mostra um conhecimento dos outros baseados no nosso mundo interno, o que gera atrito, muitos silenciosos. A segunda forma exige um certo nível de conhecimento, cuidado. A segunda forma é mais complicada, por nos cobrar um comportamento proativo, e não reativo. Isso cobra compaixão, não empatia.

> **Indicação de leitura**. Uma indicação de leitura seria "Falando Com Estranhos" de Malcolm Gladwell. O livro mostra como exemplo como pessoas se infiltraram na CIA sem grandes problemas: achamos que conhecemos as pessoas à nossa volta, mas não conhecemos. Achamos que conhecemos a cara do mal, mas não conhecemos.

No caso da política, acho que as pessoas cometem o erro de não refletirem no seu arco de ação, já conhecido em campos de gerência empresarial. Colocando em forma exemplar. Quando discuto com alguém, e o chamo de "burro" por não votar no meu candidato, considere os cenários.

A pessoa aceita o rótulo de burro, e muda de voto, o que é pouco provável que ocorra, nunca vi isso ocorrer na realidade. Isso quer dizer que temos agora $2/10^8$[144] probabilidade de mudar algo na prática. Não sei se é matemático, mas isso é basicamente zero!

---
[144] O número de eleitores que compareceram no segundo turno foi 124.249.557 em 2022.

Estatisticamente falando. Isso é quase a probabilidade de ser atingido por um raio!

Agora, como segundo cenário, no caso do amigo não mudar, o que é alto a probabilidade, é alto também a probabilidade de tensionamento na amizade. Isso gera atrito real, em toda a rede da amizade. Ou seja, troca algo real, dentro do seu arco de influência, por algo longe do seu arco de influência. Isso para mim é ser irracional, pura definição mostrada com matemática simples, e de açougueiro.

Bolsonarismo é primo próximo do movimento anticiência

Apesar da possível surpresa de alguns, a ciência nem sempre foi a regra: já vivemos em momentos de sombra racional, e momentos de iluminação; momentos em que a ciência era praticada por poucos, e mesmo perseguições eram as práticas sociais. O que ocorre é que a religião faz afirmações vagas, o que serve como pau para toda obra. O processo de chegarmos onde chegamos, onde ciência é ensinado nas escolas, mesmo com a birra com Darwin, vem de séculos de sofrimento e combate à igreja, que nunca gostou de compartilhar o poder de explicar o universo. Depois que a igreja católico virou oficial, ao ser adotada pelo imperador de Roma, foram séculos de sangue e sofrimento sobre a humanidade.

A adoção do cristianismo como religião oficial do Império Romano foi um marco histórico significativo para o cristianismo, e um marco de sofrimento para a humanidade. No ano 380, o imperador Teodósio I decretou o cristianismo como a religião do estado através do Édito de Tessalônica. Esse ato foi o culminar de um processo que começou com o Édito de Milão em 313, proclamado por Constantino I, que concedeu liberdade de culto a todas as religiões no império. A conversão do império ao cristianismo não foi apenas uma mudança religiosa, mas também um evento político e cultural que influenciou profundamente a história da Europa e do cristianismo. A decisão de Teodósio ajudou a moldar a identidade da Igreja Católica e estabeleceu as bases para sua influência na sociedade medieval e além. Isso significou séculos por vir de mistura de religião e estado, e quem não acreditasse no mesmo Deus, ou na versão de

Deus da pessoa no poder, morreria. Isso incluiu os próprios cristãos de ramificações diferentes da adotada pelo estado.

Na falta de respostas, e a ciência fica calada quando não tem respostas, ela está buscando, isso deixa um vácuo. Historicamente, a religião cresceu em momentos de crise e sofrimento.

Eu já disse que não vou aceitar Jesus como meu salvador

**E para de assustador os passageiros
O avião não vai cair**

A ciência, por sua natureza, é um processo contínuo de busca e questionamento. Quando confrontada com o desconhecido, ela não se cala, mas sim admite a necessidade de mais pesquisa e compreensão; contudo, até achar respostas, como foi no caso da COVID, ela se cala até achar respostas.

É verdade que em tempos de incerteza, as pessoas podem se voltar para a religião em busca de conforto e respostas, o que é um armadilha, arapuca. Enquanto a ciência procura explicar o "como" do universo, a religião muitas vezes procura responder o "porquê", ao menos virou o tabu recentemente, senso comum essa forma de pensar.

Contudo, a ciência vem avançando e pode também atacar os "porquês". Muitos acreditam que ambas podem coexistir e oferecer sistemas de apoio e compreensão em tempos de crise, cada uma com sua própria perspectiva e abordagem. Eu discordo, e volto nisso no vol. II. Como destaca Sam Harris, esse sistema se chama moderação. O problema, como ele destaca, o moderador serve como toca para os extremistas, que agem sempre que tem uma oportunidade.

Existe uma quantidade massiva de parlamentares religiosos fundamentalistas no congresso brasileiro, eles são fruto dessa ideia mal compreendida da possibilidade de manter religião ao nosso lado, junto com razão, esquecendo que religião não consegue coexistir com o diferente, com o que não acredita. Esses parlamentares foram eleitos muito provavelmente por eleitores religiosos moderados, que acreditam na separação de estado e religião, mas como todo político, eles se distanciam no eleitorado, deixando o extremismo aflorar no congresso brasileiro.

O pior: continuamos deixando a cobra dormir na cama ao nosso lado, mesmo depois de sermos mordidos inúmeras vezes. O pior momento para combater a religião é no momento de crise, de sofrimento, é onde ela cresce, ganha força. Religião se alimenta e cresce na desgraça e sofrimento alheio, vamos voltar nisso no vol. II.

Quando Galileo apontou os erros da igreja, não foi recebido com flores, mas sim prisão domiciliar. Por mais que todo humano tem as armas para ser cientista, nem todos viram. Teoria da conspiração e teoria científica possuem as mesmas origens, e podem ser facilmente confundidas. Somente pessoas treinadas conseguem separar de forma eficiente pseudociência da ciência.

Historicamente, ciência e religião vêm se degolando como dois inimigos eternos: Tom e Jerry. Durante grande parte da histórica, até o século XVI, a igreja católica detinha o poder sobre as narrativas da realidade.

Toda essa briga recente dos evangélicos para se evolvem com ciência é meramente eles querendo copiar os inimigos deles[145]: os católicos. Até tentaram evangelizar os índios[146], movimento feito pela igreja católica no processo de colonização: em uma mão a espada, na outra a bíblia.

René Descastes tentou separar essa briga dizendo: a ciência cuida do material, e a religião cuida do espiritual. Isso parece ter funcionado, ao menos em parte com a igreja católica, que até então tinha participado da ciência. Grandes cientistas eram padres. No entanto, a igreja evangélica, que vem de uma briga com a igreja católica[147], briga por poder, não entendeu, e nem parece que vai entender.

---

[145]Em vídeo, Damares Alves diz que igreja evangélica perdeu espaço nas escolas para a ciência. http://glo.bo/3VyU7ga
[146]Governo Bolsonaro deu R$ 872 milhões a ONG evangélica para cuidar de indígenas. https://bit.ly/3KYdAB7
[147]Evangélicos. https://super.abril.com.br/historia/evangelicos

Ciência e religião no século XX

Ciência

Religião

No século XVI, e antes, era o oposto.

Mesmo nós cientistas podemos cair nessas teorias conspiratórias, por isso nossa preocupação em citar fontes confiáveis, em ranquear jornais, em garantir que a fonte das informações importa. Por mais problemático que seja esses ranqueamentos, eles ajudam no geral. Não é fácil separar uma teoria maluca de uma revolucionária, até que muita água passou debaixo da ponte. Tanto Einstein quanto Newton foram ridicularizados. O proponente da teoria microbiana que salva vidas foi também ridicularizado.

Em alguns casos, suportar uma teoria errada pode gerar prejuízos para todos, mas deixar de suportar uma teoria revolucionária pode também gerar prejuízos. Não, infelizmente, não é tão simples assim falar de primeira o que é correto do que é maluquice. Muitas teorias ficam sendo usadas por anos, e se tornam verdade, teoria da relatividade, ou se tornam falsas, éter na física.

Eu vejo pessoas insistindo em julgar a inteligência do outro baseado na própria. Se uma pessoa é inteligente, por definição, ela vai ver mais do que você. Quando uma pessoa diz, que já ouvi com frequência: logo você tão inteligente votar no Lula, logo você tão inteligente não acreditar em Deus. Note, a pessoa usando a própria inteligência como régua para o que é ser inteligente. Isso não faz nenhum sentido racionalmente falando.

Talvez para surpresa ainda maior, nem sempre os países ricos são mais cientistas, do que seus pares opostos nas escalas usadas para fazer essas classificações: nos Estados Unidos, ainda se discutem em ensinar darwinismo nas escolas, grandes movimentos de terraplanismo vêm dos Estados Unidos, para não falar das melhores teorias da conspiração; vidas extraterrestres somente pousam lá, nunca em outros países, geralmente; talvez fuso horário! Um dos maiores movimentos de terraplanismo vem do Reino Unido.

Atualmente, temos alguns movimentos que visam atacar a ciência, alguns os classificam como "negacionismo", movimentos anticiência, negação da ciência (*science denial*). Nomes não faltam, geralmente, são pessoas cujo objetivo é negar a ciência, a qualquer custo. O bolsonarismo segue padrão parecido. As causas são diferentes, mas o padrão são os mesmos.

Pontos em comum entres esses movimentos, e seus respetivos perigos sociais

Negação das vacinas

Negação das vacinas, conhecido como *movimento antivacina*, foi um movimento que surgiu, pelo menos de forma forte, depois que <u>alguns pesquisadores mostraram que existia uma correlação entre autismo e vacinação</u>. Ou seja, pessoas que vacinam seus filhos podem estar aumentando as chances de que seus filhos sejam autistas, em vez de proteger como a vacina deveria fazer. Acredito que nenhum pai "em sã consciência" vai querer isso: o problema é que é uma farsa o artigo, considerado uma fraude científica.

Antes de continuar, deixe-me explicar um conceito importante para continuar a argumentação por vir. Para entendemos algo, precisamos aprender os jargões de cada área, os juridiquês da ciência. Precisamos entender minimamente como as coisas funcionam antes de considerarmos algum entendimento minimamente saudável.

O extremismo surge da incapacidade, ou mesmo, interesse de ouvir, de entender os pormenores. Todo extremismo nasce de uma simplificação excessiva da realidade. Nem todos os problemas possuem soluções simples, ou mesmo, que exista uma.

Quando publicamos um artigo científico, passamos pelo *processo de revisão*. O mais comum e usado é conhecido como "revisão por pares" (*peer review*). O processo é geralmente cego, ou seja, os pesquisadores avaliando não podem saber de quem é o artigo, mesmo quem é avaliado quem são os revisores. Isso é importante para evitar favoritismo, ou qualquer contaminação da ciência por manobras humanas, que já conhecemos bem na política, seus desastres. Eu tenho um livro no assunto, para os curiosos, chamado "Qual o real papel do revisor acadêmico?".

Esse processo define se um artigo pode ou não ser publicado. Artigos aceitos vão para jornais, e artigos rejeitados não são lidos, pelo menos não com o "selo papal" de qualidade e confiabilidade; geralmente, os pesquisadores tentam em outros jornais, até algum aceitar. Não vou entrar nessa discussão, mas isso criou um mercado muito lucrativo! Como efeito indesejado, efeito colateral. Nem tudo é perfeito, não é diferente com o meio acadêmico.

Depois de publicado, um artigo pode ser removido de circulação, isso se chama *retração*. Seria como ocorre com carros, onde as produtoras acham um erro no carro, e por medidas de segurança, pedem a devolução dos carros. Similar, um cientista pode achar erros nos resultados, e pedir a retração; pode ocorrer casos digamos de denúncias de fraudes, e o artigo pode ser removido. Isso ocorre geralmente com artigos mais experimentais: conhecidos como *pesquisas primárias*. Eu mesmo nunca tive uma retração, mas o tipo de trabalho que faço é menos susceptível à retração, apesar de que sempre tive medo de retração. Fica sempre a ideia de incompetência, apesar de não ser necessariamente o caso, todo mundo erra!

No caso do artigo que gerou o movimento antivacina, houve a retração, incluso demissões. Note que o problema não foi a retração, isso ocorre muito no meio científico, e disparou nos últimos anos. O problema foi pessoas sem conhecimento necessário ler o artigo, e levar para a mídia. E em subsequência, as pessoas não acreditarem nem na retração nem nos inúmeros artigos publicados depois negando esse artigo. Ou seja, mais vale um único artigo que confirma meu medo, do que dez que negam meu medo[148].

O medo torna as pessoas susceptíveis mesmo a pequenos erros na ciência. Se eu acredito em papai Noel, mesmo uma pequena pesquisa, que por erros de cálculos prove a existência de papai Noel, vou me apegar a esse artigo pelo resto da vida, mesmo que seja tirado de circulação, mesmo que seja negado mil vezes, mesmo que os autores publicamente neguem o artigo. Infelizmente, quando queremos acreditar em algo, parece que a inteligência humana não tem limite. Como alguns associam a Einstein: "a inteligência tem seus limites, a estupidez não".

Note que esse problema é normal dentro do mundo científico, que é: a ciência comete um erro, a ciência retrata. O que é diferente: a sociedade não reconhece a retratação, ou seja, mesmo outros pesquisadores verificando os resultados errados, mesmo os mesmos autores aceitando o erro, a sociedade entra em um ciclo de negação sem volta. Ou seja, em um ciclo de confirmar o que gostaria de acreditar.

---

[148] Neste exato momento, ao escrever esse livro, estou acompanhando no Twitter a tentativa de invalidar as eleições de 2022 por bolsominions. Parecem pessoas que realmente não acreditam em nada, nem mesmo nas inúmeras demonstrações do sistema tribunal de segurança das urnas. Isso é resultado de um processo de negação sem limites, como o são dos negadores da ciência. Estão pedido intervenção militar, será se essas pessoas sabem do perigo do exército nas ruas? De um golpe militar? Parece-me pessoas sem nenhuma noção de realidade e conhecimento de história.

Aconteceu na Itália que um grupo provou que existia uma partícula mais rápida do que a luz. Caso não saiba, Einstein mostrou que a luz é a entidade mais rápida da natureza, entidade que "tem peso". Depois de muito barulho, parece que foi erro de cálculo. Contudo, nunca surgiu um movido anti-Einstein, até onde sei. Similar movimento, que teve até protesto, surgiu quando Plutão foi declaro cientificamente não sendo um planeta, por ser pequeno e não ter uma órbita. Parecia um movimento sério, mas saíram às ruas, para fazer plutão um planeta novamente!

Plutão é tão pequeno que seria possível colocar ele dentro do Brasil. Se a terra fosse do tamanho de Plutão, somente o Brasil ocuparia todo o planeta.

Depois de ser rebaixado para planeta nanico, terapia sempre ajuda!

Pontos que divergem entre esses movimentos

Nós, apesar das habilidades natas de cientistas, que muitos decidem não usar, não somos cientistas natos: existe um treinamento mínimo para ser chamado de cientista, sendo do doutoramento talvez o maior coroamento. Pense em um jogador de futebol, um garoto talentoso em violão, pensa o André Matos no *Viper*: sem treinamento adequado, esse talento é somente talento!

O mais interessante: parece que as pessoas que escreveram a Bíblia sabiam disse. Existem várias passagens na Bíblia que falam sobre Deus testando a fé dos cristãos, especialmente em momentos de dúvida e provação, como: Tiago 1:2-4, Pedro 1:6-7, Gênesis 22:1-2. Isso funciona como um pau de sebo: a pessoa sobe e cai novamente.

**Efeito pau de sebo da Bíblia:
o sujeito começa a duvidar, então
Tiago 1:2-4, Pedro 1:6-7, Gênesis 22:1-2**

Deus está testando sua fé

Essas passagens mostram que a fé é frequentemente testada para fortalecer e purificar os crentes; Deus é onisciente, mas inseguro.

Isso se repete na Bíblia em vários pontos, esse Deus onisciente, mas inseguro, em vários pontos, como na estória de Jó, que teve sua vida arruinada somente com o objetivo de Deus testar sua fé. Vale nota que a base do estoicismo também foi desastres pessoais. Quando teve sua vida arruinada por uma tempestade, um dos fundadores do estoicismo, que era um mercador rico, buscou conhecimento. O cristão buscou o caminho mais fácil: criar uma estória de que uma suposta criatura supostamente o faz por desejo. O cristianismo vive do uso da ideia de que temos sempre uma figura intencional em tudo, o que os levaram a empurrar a ideia de desenho inteligente na teoria da evolução. É o exemplo mais gritante de *pensamento intencional*. Tudo ocorre de forma intencional, com um plano, com um objetivo e intenção. Essa forma de pensar se chama <u>pensamento desejoso</u> (*Wishful thinking*).

Isso mostra uma preocupação mesmo antes da invenção do método científico ou mesmo da dúvida, que já existia como exemplo em João 20:29. "Disse-lhe Jesus: Tomé, porque me viste, tu creste; abençoados são os que não viram, e creram.". Tomé, que é o mesmo nome de São Tomé, que vamos voltar no vol. II, tinha dúvidas.

Tomé, também conhecido como "Tomé, o Dídimo" ou "Tomé, o Incrédulo", tinha dúvidas sobre a ressurreição de Jesus. Após a ressurreição, Jesus apareceu aos discípulos, mas Tomé não estava presente; basicamente, todas as estórias da Bíblia seguem esse padrão, o narrador nunca está presente. Os autores bíblicos muitas vezes escreveram com base em relatos de outras pessoas, tradições comunitárias e inspiração divina. Por isso, *a presença do narrador como testemunha direta não é uma característica comum;* isso não parece incomodar o cristão, mas deveria.

Quando os outros discípulos disseram a Tomé que tinham visto o Senhor ressuscitado, ele respondeu que só acreditaria se visse as marcas dos cravos nas mãos de Jesus e colocasse a mão no lado ferido de Jesus; para um cético de verdade, ainda assim isso não seria provas, vamos ver um exemplo da medicina moderna em seguida. Note que temos, como frequentemente na Bíblia, contos do tipo: fulano, que disse a fulano, que disse a ciclano, que décadas depois iam escrever na Bíblia os ocorridos; e que o cristão tanta como relato de primeira mão, no qual os narradores das estórias estavam lá, pessoalmente.

Contudo, ninguém se deu o trabalho de testar. A Bíblia, como muitos textos antigos, foi transmitida oralmente antes de ser escrita, e isso pode levantar questões sobre a precisão histórica dos eventos descritos; inclusive, da existência de Jesus como figura real. A tradição oral era uma prática comum na antiguidade, e muitas culturas confiavam nela para preservar histórias e ensinamentos. Existe um motivo porque criamos câmeras que filmes, e tiram fotos. Ou seja, somente a possibilidade de escrevermos relatos, e termos testemunhas, firmados em cartório.

Hoje, usando medicina moderna, sabemos muito mais do que sabíamos antes. Como exemplo, "melhora da morte" ou "lucidez terminal" é um fenômeno bizarro onde uma pessoa melhora temporariamente de um acidente grave, mas morre novamente. Seria como um "adeus". Esse fenômeno ocorre quando pacientes gravemente doentes apresentam uma melhora súbita e temporária em seu estado de saúde pouco antes de falecer; lembrete, Jesus ficou pendurado durante dias na cruz, isso é bem traumatizante.

Durante esse período, eles podem parecer mais alertas, comunicativos e conscientes, o que muitas vezes permite que se despeçam de seus entes queridos.

Esse fenômeno é amplamente relatado em contextos médicos e culturais, mas ainda não é completamente compreendido pela ciência; imagine agora quando a idade da razão ainda nascia na Grécia antiga. Ele é frequentemente mencionado em séries de TV médicas, como *"Grey's Anatomy"*, para ilustrar momentos emocionantes e de despedida. Para pessoas ignorantes, e o povo que escreveram a Bíblia eram comparados com as pessoas modernas. Até alguns séculos, doenças causadas por vírus eram consideradas diabólicas, ou mesmo doenças hoje consideradas problemas psicológicos, eram considerados diabólicos. Mesmo hoje, vemos pastores dizendo que autismo é coisa do diabo, e que se cura pedofilia tirando o diabo.

> *"a humanidade curiosamente é dominada por três esquizofrênicos que ouviam vozes, olhavam para o céu e achavam que alguém estava falando com eles."* Miguel Nicolelis[149]

Na ciência existe uma prática de guardar ossos e mais. Isso porque quando algo é encontrado, talvez a tecnologia para estudar, datar, e mais ainda não existe; alguns dizem que dragões foram ossos de dinossauros achados antes da tecnologia moderna. Quando surge uma nova tecnologia, como computadores, eles costumem estudar novamente esses ossos. Isso nos permite aprender mais sobre esses restos de animais antigos, ou mesmo, civilizações perdidas. Curiosamente, nem mesmo com as melhores tecnologia moderna, conseguimos provar a existência de Jesus e seus discípulos.

Uma analogia que gosto é comparar o cientista com o Avatar. Aang, depois que levou um tiro nas costas, perdeu todo o contato com os avatares antes dele. Os avatares funcionavam como uma biblioteca. Sempre que ele conectava com os avatares antes dele, ele também ganhava todo o conhecimento dos avatares antes dele. Um cientista funciona da mesma forma. Quando Newton falou besteira sobre a existência de Deus usando a simetria nos amimais, ele não tinha os "gigantes" para subir nos ombros, como ele mesmo disse sobre a física. Mesmo sendo uma pessoa genial, Newton falou bobagem quando tentou falar de biologia e medicina, áreas que somente ganharia corpo depois dele.

---
[149]Esquizofrênicos Abraão, Jesus e Maomé dominam o mundo, diz Nicolelis. https://bit.ly/47ISqBz

No caso de religiosos, eles não mudam. O mesmo discurso, com pequenas variações, são usando hoje, criados há +2.000 anos. Eles se orgulham de usar uma bíblia estática, sem revisões, há +2.000 anos. Na verdade, eles ignoram. Como exemplo, o paradoxo de Adão e Eva tendo umbigo já foi criticado há mais de +100 anos. A quantidade de críticas a religião e suas contradições veem se amontoando há séculos, mas o discurso religioso é o mesmo de +2000 anos atrás.

Lendo os criticismo contra somente um livro: a Bíblia.

O cérebro conspirador e científico são essencialmente o mesmo: procuram a verdade. A obsessão de Einstein em torno da teoria do todo, e a obsessão de negadores da ciência, não difere nos sintomas, nas ações. Difere na regra do jogo, onde parar. O erro para o cérebro conspirador é confirmação, para o cientista é pausa para reflexão, se estamos realmente indo na direção correta. O conspirador não corrige rota, porque sabe o caminho certo, e os erros confirmam suas teorias a custo de ignorar o resto. O cientista pensa na rota a cada erro. Einstein mesmo chegou a abandonar ideias corretas, para depois as encontrarem novamente, ou mesmo nunca as encontrarem.

O treinamento científico, e a prática constante, nos ajuda a evitar as armadilhas da conspiração, da negação.

Negação e insistência são as mesmas coisas olhando de fora. Ninguém acreditava em Einstein, como não acreditamos nos terraplanistas. A diferença é que Einstein usou uma bússola velha: *o método científico*. Com essa bússola, insistência não vira conspiração. Todos nos somos susceptíveis ao gostinho da conspiração, eu sou também. Isso gera um prazer de unicidade e genialidade nata: eu vejo o que ninguém ver, e meu trabalho é provar todos errados; quem não quer ser um gênio?[150] Isso foi o trabalho de Einstein, e muitos outros gênios.

---

[150] Craig M. Wright destaca em seu livro "*The Hidden Habits of Genius*", depois que as pessoas sabem do peso de ser gênio, através do seu curso, muitos desistem. Estamos apegados à visão romantizada, que mais dar do que tira.

SCIENTISTS

A Man Who Saw A YouTube Video

Yes, you all are Wrong

As diferentes formas de pensar: *do pensamento religioso ao pensamento ideológico*

Toda pessoa tem uma forma de pensar, mesmo não estando ciente. A forma de pensar é como você chega a conclusões. Fazendo uma analogia: é o seu sistema operacional, o programa de computador que roda no seu cérebro. Ainda na analogia: você já vem com um sistema operacional pré-instalado, e infelizmente, esse sistema não desaparece mesmo quando instala um novo. Usando ideias de Daniel Kahneman, esse sistema funciona em duas modalidades: rápido (sistema 1) e devagar (sistema 2). O primeiro é rápido, mas cheio de opiniões pré-concebidas; o segundo, é lento, mas cuidadoso. A instalação de um novo deve ser feita no sistema 2, para posteriormente migrar para o sistema 1.

Quando estamos usando o sistema 1, falando sem pensar

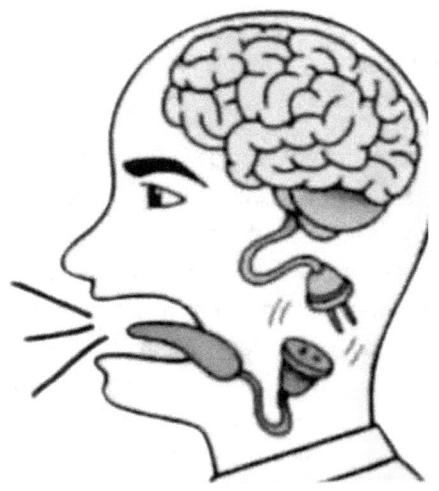

Como exemplo, eu vejo a seguinte sequência de passos em eleitores do Bolsonaro, que é uma forma de pensar:

> *Lula corrupto -> Bolsonaro honesto -> votar no Bolsonaro para acabar com a corrupção.*

> *O sujeito esbraveja: eu não voto em ladrão. Aí sai a notícia depois deles não votarem em ladrão: "o PL, do ex-presidente Jair Bolsonaro, é o que concentra o maior número absoluto de ocorrências."* <u>Congresso em Foco</u>.

O problema está no meio, o que gera essa conclusão "Bolsonaro honesto".

Como já comentei em vários pontos desta obra, e vamos voltar nisso no vol. II, o bolsonarismo se define como cristão conservador. Isso significa que a forma do cristão pensar está impregnada no movimento. Isso aparece também quando eles insistem em uma visão romantizada do Deus de Abraão. Ao ler a Bíblia, fica evidente que esse Deus não é bondoso, menos ainda sábio. O Deus de Abraão, sendo sucinto: um sociopata, vingativo, homicida, infantil, e burro. Somente o cristão que não vê, não quer ver.

> **V**ai, pois, agora e fere a Amaleque, e o destrói totalmente com tudo o que tiver; não o poupes, porém matarás homens e mulheres, meninos e crianças de peito, bois e (...)
>
> 1 Samuel 15:3
> Versão Almeida Revista e Atualizada
>
> Bibliaon.com

Recentemente, quando fazia uma pesquisa de opinião para vereadores, depois que terminei, acabei entrando em uma discussão com uma pessoa que não participou da pesquisa, mas interferia de longe. Dizia "Lula", quando disse que era para vereador, ele disse que era a pessoa que eu estava entrevistando que votava nele. No final da pesquisa, declarei que também era eleitor do Lula. Então, entramos em inúmeros embates. Um deles chamou minha atenção. Ele explicou que código de computador é como receita de bolo, e isso provaria a fraude nas urnas. Note que essa analogia da receita de bolo foi largamente usada pelos bolsonaristas. Analogias podem ajudar, mas são simplificações da realidade. Analogias é um recurso didático, e não deve ser usado como final. A analogia da receita de bolo está correta, mas não explica tudo, e menos ainda prova fraudes nas urnas. Claramente, a pessoa não estava somente desinformada, como não sabia nada de códigos de computador. Eu confirmei perguntando diretamente: ele nunca programou um computador.

Deixe-me explicar melhor a questão do Bolsonaro honesto, por que acho que esse raciocínio é falso: o verdadeiro motivo fica entre linhas, estando a pessoa ciente ou não. Isso aparece, para efeito de curiosidade no livro *Everybody Lies* de Seth Stephens-Davidowitz: pessoas falam para o Google coisas que não falam nem para um psicólogo.

Em 2018, quando o mesmo ganhou as eleições. Se a questão era religiosa, havia o cabo Daciolo, se a questão fosse um *outsider*, havia o Amoêdo, se a questão fosse evangélica, havia a Marina. Ou seja, se realmente o problema fosse o "Lula ladrão", estaticamente falando, os votos deveriam ter se pulverizado: todos os candidatos deveriam ter tido uma chance de ganhar. Isso não ocorreu.

A única explicação que achei: as pessoas, mesmo que secretamente, concordavam com as coisas que ele falava. Isso pode ser reforçado com outras literaturas, mas vou deixar para outra obra. Mesmo raciocínio se repete, ainda pior, em 2022: 90% dos votos se concentraram em dois candidatos: polarização que começou mesmo antes das eleições iniciar oficialmente.

Atualmente, Santa Catarina mantém um reduto forte do Bolsonarismo. Além de ser uma região fortemente de pessoas brancas, foi o berço do fascismo brasileiro de 1930. Não é incomum se ouvir falas racistas contra os outros estados, geralmente do nordeste, por governantes de Santa Catarina. A pessoa que mencionei anteriormente, que atestava fraudes nas urnas, também tinha falas contra o povo nordestino.

As argumentações bolsonaristas vêm em blocos. Eles compram o pacote todo, exatamente da mesma forma, como se compra um *smartphone*, e vem um bloco de aplicativos padrões que todos usam, sem instalar aplicativos melhores. Geralmente, é quase sempre possível rastrear a Bolsonaro. É quase uma regra: bolsonaristas falando asneiras, foi Bolsonaro que espalhou, que falou.

Como brinco, aí deve ter de tudo, até mesmo racismo, que seria um *pensamento ideológico*, de "supremacia branca". Ou mesmo *pensamento religioso*, devido ao aceno de Bolsonaro ao público evangélico que não pede evidências da honestidade, ou mesmo da culpa do Lula (dentro da lei oficial, não do povo).

Quando me envolvo em discussões no Twitter, notei que as pessoas usam o pensamento que chamo de *dicotômico*. Nessa forma de pensar, a pessoa conclui rapidamente que sabe o que quero dizer onde não disse: seria como aquele exercício que aprendemos no ensino fundamental onde precisamos preencher algumas lacunas de número, exceto que o pensamento humano é bem mais complicado do que "3- (preencha) - 5".

Nessa forma de pensar, a pessoa constrói conclusões assumindo que sabe o que é o oposto do que disse. Seria uma reconstrução de uma obra de arte, valendo-se do conhecimento do restaurador. Ou seja, ver o mundo das nossas lentes. Precisamos de treinamento para acertar a lente. Quando uma pessoa toca um instrumento, por mais natural que essa pessoa seja, por mais que seja uma pessoa dotada: ela precisa de treinamento e técnica. O pensamento funciona de forma similar: precisamos de treinamento na arte de pensar, e concluir.

Como exemplo, se digo que o que é inteligência usando digamos o coeficiente intelectual, rapidamente a pessoa conclui que eu disse o que não é inteligência: a estupidez. Nessa forma de pensar, as pessoas preenchem lacunas da fala com o oposto (assumindo literalmente, sem sombra de dúvidas, que sabem o que é o oposto).

Como exemplo, eu estudo comunicação não violenta (CNV). Quando falo, as pessoas parecem em geral saberem o que é: alguns já disseram, "eu não sou violenta". Agredir alguém é uma forma de violência, xingar palavrões é uma forma de violência. Contudo, a não violência é bem mais complicado. Como exemplo, colocar pessoas em categorias, como machista, é uma forma de violência, chamada de violência passiva.

Escrever um livro como esse, mesmo que de forma forte, não é uma forma de violência. CNV é uma forma de conversar, não uma forma de fazer ciência, de discutir ciência, de divulgar ciência. A forma como decidi escrever é uma escolha do escritor, intelectual. A forma como escrevi esse livro pode ter sido forte, contudo, estou expressando meus pensamentos, como um poeta tem a licença poética. Isso não é uma forma de violência, seria se eu deixasse religiosos, como exemplo, me reprimirem, como fazem com as crianças o tempo todo.

> **Sugestão de leitura.** Manual de bolso do jovem pesquisador: comunicação não violenta, saiba o que é a linguagem de burocrata, e como não ser mais controlado por ela.

Quando esteve em uma discussão e ficou nervoso por ser chamado de "petista": sim, você sofreu uma forma de violência. Agredir alguém por posição política, mesmo que seja verbal, pode ser classificada como violência política.

No caso da estupidez, foi escrito livros e livros sobre isso, como exemplo, o livro que gosto muito *"Why Smart People Can Be So Stupid"* por Robert Sternberg. Um livro inteiro, com vários autores, para somente tentar entender a estupidez, de várias angulações: apesar de usarmos o termo, esse termo é vago e sem definições claras. Richard Feynman disse: existe uma diferença em saber uma palavra, e saber seu significado[151].

A forma de pensar pode ser visto como um algoritmo em um computador: Windows é um algoritmo, diferente do Linux, diferente do Mac; diferente do Android. De forma similar, isso dita o que consegue fazer, o que consegue ver. Como em um computador, você pode ter mais de um sistema operacional, e mudar quando for conveniente.

O pensamento proposto neste livro é uma forma de pensamento: o *pensamento científico*. Nessa forma de pensar, damos muito valor a evidências e teorias preestabelecidas. Essa forma de pensar em geral desafia nosso pensamento normal. Como exemplo, uma forma de contrapor o pensamento dicotômico seria o *método das perguntas*.

- Pegue a afirmação feita;
- Faça perguntas até chegar onde pensa que seria usando o pensamento dicotômico.

Chances são de que a pessoa ou não se expressou bem, isso ocorre nas melhores famílias, ou você deu um salto maior do que a perna. Saltou de "Lula ladrão" para "Bolsonaro honesto": sem ter nenhuma noção de qual sistema operacional está usando. Como a pessoa que

---

[151] Richard Feynman: The Difference Between Knowing the Name of Something and Knowing Something.
https://fs.blog/richard-feynman-knowing-something/

saltou de "algoritmos é receita de bolo" para "houve fraude nas urnas", saltou de uma analogia, que é falha por definição, para uma conclusão forte.

Eu fiz um experimento onde morro[152]. Eu apresentei três sobre aborto, notícias. O objetivo era avaliar o conhecimento coletivo do assunto, e como eles se aliariam.

> Escolha as sentenças certas.
> Baseado no que sabe, que sentença estaria correta. Pode escolher mais de uma
>
> ☐ Violência infantil: Cerca de 80% dos casos acontecem no ambiente familiar
>
> ☐ a maioria (67%) dos estupros cometidos tiveram como vítimas meninas com idade entre 10 e 14 anos.
>
> ☐ Violência contra meninas com menos de 13 anos: 53,8% em 2019 57,9% em 2020 e 58,8%
>
> ☐ A maior parte das mulheres afetadas serão jovens, que serão presas por até 20 anos
>
> ☐ Em 2022, Brasil registra maior número de estupros da história; 6 em cada 10 vítimas têm até 13 anos,
>
> ☐ 59% dos brasileiros são a favor da mudanças na atual lei sobre o aborto
>
> ☐ Aborto mesmo em caso de estupro não é defendido por 87% dos brasileiros, aponta pesquisa

Note que são todas perguntas sobre estatística; pessoas em geral não entendem de estatística, é uma ilusão quando elas parecem entender, quando elas mesmo usam estatísticas. Eu mastiguei a estatística na hora, apresentado e depois colocando em termos simples, como "8 a cada 10 brasileiros.....". Contudo, as pessoas responderam, e rápido, as três primeiras. Mas erraram a quarta. A quarta pergunta é consequência direta das três anteriores: se 80% são em ambiente familiares, se a maioria são jovens em torno de 13 anos, e se a violência contra meninas vem crescendo, isso implica naturalmente

---

[152] As pessoas realmente entendem perguntas sobre estatística? https://bit.ly/4gsSj0y

na quarta pergunta. Ou seja, se a pessoa tivesse realmente entendido, elas teriam acertado essa.

A taxa de acerto das três primeiras ficou acima de 80% em todas. Contudo, para a quarta, isso cai para 70%. Você pode argumentar: foi uma queda de apenas 10%. Fato, contudo, a última deveria ter taxa acima uma vez que dá para concluir a quarta mesmo sem as três primeiras. Muito provavelmente, as pessoas responderam todas baseado em experiências coletivas.

Algumas pessoas justificam usando notícias, como o Datena. Ou seja, o conhecimento das pessoas é fragmentado, o quê permite ideias totalmente contraditórias. Como já ouvi: "eu respeito LGBTQ+, mas é errado", "é importante falar aos jovens sobre ser gays nas escolas, mas não pode falar que é okay ser gay". Isso ocorre porque as pessoas tentam manter coisas incompatíveis: como ser cristão, e ser tolerante.

Um caso que me chamou a atenção, mesmo uma pessoa acertando as três primeiras, ainda assim a pessoa justificou que estupro tinha relação com o comportamento empoderado das jovens. Isso se contradiz porque se 80% dos estupros são vulneráveis e ocorrem em casa, isso elimina o fator externo. Isso mostra como pessoas podem conviver com ideias totalmente opostas na cabeça.

"Um aspecto notável da sua vida mental é que você raramente fica perplexo. É verdade que, ocasionalmente, você se depara com uma pergunta como 17 × 24 = ?, para a qual nenhuma resposta vem

imediatamente à mente, mas esses momentos de perplexidade são raros. O estado normal da sua mente é ter sentimentos e opiniões intuitivos sobre quase tudo o que aparece em seu caminho." Daniel Kahneman

Existem outras formas de pensar popularmente usadas, que gostaria de ressaltar. É interessante destacar essas formas para você saber de qual base a pessoa com quem discute está partindo, ou mesmo, se você mesmo não está usando uma dessas bases de pensamento. Isso te ajudaria a não arrancar os cabelos, devido à incapacidade de entender como a pessoa chegou nas afirmações que tentam te empurrar goela abaixo. Em geral, as pessoas não sabem disso. Agora mesmo, quase arranquei os cabelos com um amigo religioso, até lembrar dessa passagem do meu livro!

Uma observação científica nessa direção seria as pesquisas de Daniel Kahneman e colegas. Segundo Kahneman, pessoas quando decidem podem usar ponderações diferentes na mesma decisão: ele usou esse exemplo para mostrar a superioridade de algoritmos, também mostrada matematicamente.

Como exemplo, suponha que uma pessoa seja avaliada usando cinco critérios objetivos para uma possível contratação, mas a decisão final é subjetiva (*julgamento clínico*). Suponha que uma pessoa foi bem em tudo, mas foi péssima é um único critério. Outra foi de forma mediana bem em todos os critérios. Apesar de que uma análise objetiva (*julgamento mecânico*) poderia dar sempre os mesmos resultados, humanos podem tomar decisões baseado em qual critério a pessoa foi mal, e isso é bastante subjetivo; até mesmo na variação entre os critérios.

Um sistema de dois pesos, como gosto de chamar: achamos que entendemos como tomamos decisão, mas isso não é verdade. Preenchemos inconscientemente com racionalização e dissonância cognitiva: aqueles motivos que usamos para justifica os nossos pensamentos que nem mesmo nós entendemos, ou mesmo temos vergonha.

No caso do cristão, ele vai querer ser visto como tolerante: ser cristão e ser tolerante são duas coisas contraditórias, a não ser que seja um cristão somente na casca.

Estava falando com um amigo de infância, que não via a tempos, hoje ele é paí de família. Estávamos conversando e perguntei para ele: você acha errado ser gay? Ele disse não. Mas emendou depois: estou criando meu filho para ser homem. Consegue ver a contradição? Quando o questionei, ele disse que está na Bíblia, ele é católico, e que foi o que ensinaram para ele. Isso implicaria em uma verdade, por ser o que aprendeu, diria, dentro da igreja.

Tentei mostrar para ele como exemplo que a Bíblia também proíbe de usar camisinha, padres na África fazem isso, levando a mortes de muitos africanos por AIDS. Ele logo emendou: se não usar, vou ter muitos filhos. Tentei mostrar para ele que ignorar a Bíblia no caso dos gays seria o mesmo que ignorar no caso da camisinha, sem sucesso. Óbvio que ignorar a Bíblia no caso da camisinha tem benefícios para ele, e ignorar a Bíblia no caso dos gays não, talvez ele até odeie os gays ele mesmo, e somente use a Bíblia como desculpa, não temos como saber ao certo qual é o caso.

Isso se repente ao lembramos que a Bíblia proíbe de comer camarão (Levítico 11:9-12) e misturar roupas de materiais diferentes (Levítico 19:19, Deuteronômio 22:11). Tudo isso foi ignorando pelos cristãos modernos, mas o ódio ao gay permanece basicamente intacto (Levítico 18:22, Romanos 1:26-27, 1 Coríntios 6:9-10).

Eles até emendaram para as mulheres: a Bíblia não menciona as mulheres.

Vale nota que a Bíblia é meramente interpretação, eles vão renovando as interpretações de acordo com o contexto[153].

---

[153]Café é coisa do diabo, está na Bíblia. https://bit.ly/4gtyjuP

A Bíblia pode ser interpretada de várias maneiras para justificar diferentes pontos de vista, usando o exemplo do café. Peguemos o caso do café, e vou abrir uma igreja evangélica "Café não é amor", embora a Bíblia não proíba explicitamente o café, algumas interpretações distorcidas dos versículos podem ser usadas para argumentar contra seu consumo.

Levítico 11: Este capítulo lista os animais puros e impuros que os israelitas podiam comer. Uma interpretação errônea seria tentar classificar o café como uma substância impura, o que seria um anacronismo e uma distorção do texto. No caso do aborto, temos um anacronismo e uma distorção do texto uma vez que a Bíblia não menciona o aborto, mas é largamente usada por parlamentares fundamentalista, para defender a proibição do aborto, inclusive, em caso de estupro.

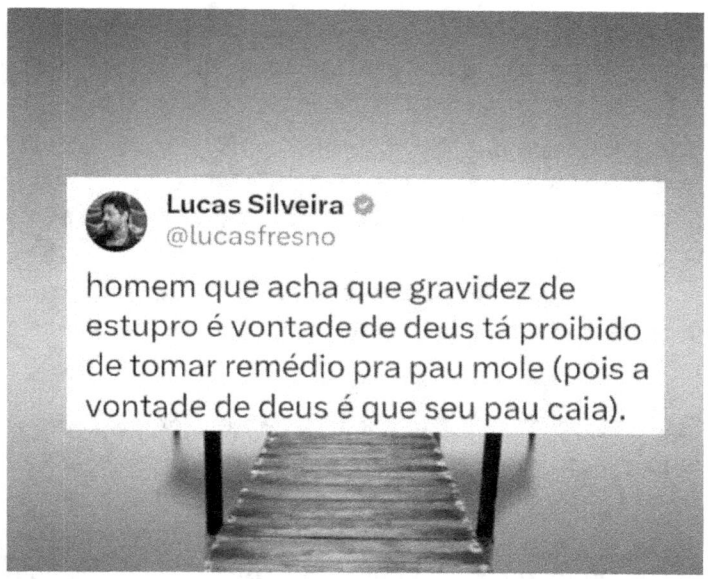

Romanos 14: Este capítulo fala sobre a liberdade cristã em relação a alimentos. Uma interpretação forçada poderia ser usada para dizer que qualquer alimento que cause dúvida ou divisão deve ser evitado, sabemos que o café altera nossa capacidade cognitiva, inclusive, alguns dizem que café é droga.

Coríntios 6:19-20: Este versículo fala sobre o corpo como templo do Espírito Santo. Uma interpretação distorcida poderia ser usada para dizer que qualquer substância que altere o corpo seria um pecado, eu tive pesadelos por quase 30 anos, quando descobri: era o café. Eu via coisa a noite, já cheguei a quebrar uma janela para pular. Cheguei a pensar em tomar remédios. Um dia, tentei experimentar em beber menos café. Cresci bebendo café, minha mãe fazia duas garrafas. Hoje, sumiu completamente os pesadelos e pulos da cama à noite. Meu pai era supersticioso, chegou a recomentar cada bizarrice quem nem vou contar.

Uma cristã me disse, com relação à Bíblia "sapatão" também: mas isso é óbvio que mulher também (Romanos 1:26). Não, isso não é óbvio, e outra pessoa explicou, de forma correta, que mulheres eram escravas, por isso, as leis somente eram feitas para homens. No entanto, Romanos 1:26 menciona mulheres: "Até suas mulheres trocaram suas relações sexuais naturais por outras, contrárias à natureza." Esta passagem é frequentemente interpretada como uma referência a relações entre mulheres.

Essa passagem pode também ser interpretada como a mulher passar a se concentrar em outras coisas, como na criança ou cuidar do lar. A libido da mulher é menos constante do que do homem, a mulher tem mais controle físico do que homens no que tange sexo. Mulheres hoje colocam os homens na corrente, usando sexo. Essa passagem muito provavelmente tentou impedir isso. Lembrando que a Bíblia foi claramente escrita por homens, favorecendo homens.

Sugestão de leitura. Casar ou comprar uma bicicleta?: Aprenda a tomar decisões em momentos difíceis

No caso das formas de pensamentos, a pessoa pode usar a forma de pensar dependendo da situação: isso pode até mesmo se embolar sem a pessoa perceber onde acaba cada e começa o outro. Eu tenho minhas dúvidas de que realmente conseguimos separar, como pensamos que conseguimos.

"Nessa visão [de que não existe conflito entre ciência e religião e podemos deixar as duas em paz, de que podemos misturar as duas formas de pensar, e ligar e desligar elas quando for o caso], não há necessidade de que todas as nossas crenças sobre o universo sejam *coerentes*. Uma pessoa pode ser um ***cristão temente*** a Deus no domingo e um ***cientista*** trabalhando na segunda-feira de manhã, sem jamais precisar explicar a ***divisão que parece ter se erguido em sua mente*** enquanto dormia. " (grifos e comentários meus) Sam Harris

Um exemplo disso é o *pensamento ideológico*, que vamos discutir.

Os mesmos pesquisadores pensavam de forma diferente quando o assunto principal era ideológico: sobre o armamento, tema muito politizado. Ou seja, o pensamento científico é automaticamente, e inconscientemente, substituído pelo ideológico. Você acha que o cientista está sendo cientista, mas está sendo uma bolha de ideologias. Inclusive, alguns argumentam que o processo de revisão de artigos científico pode ser ideológico, dependendo do tema.

Quando vejo cientistas falando de religião, vejo igualmente o apagamento da razão, e pior. Fui expulso do grupo da CAPES de Facebook por compartilhar minhas pesquisas, que levaram ao vol. II desta série, e queria como Richard Dawkins, provocar reflexão e questionamentos. No CAPES Oficial do Facebook, nem consigo postar, nada, nada que tenha referências à religião.

Isso vem de uma crença coletiva, questionada por Sam Harris, de que religião se respeita, um tabu. Por se respeita, eles querem dizer: não fale nada, nem mesmo quando fazemos bobagens coletivas em nome de Deus.

Sam Harris questiona esse modelo, chamado de moderação, uma vez, como ele mesmo coloca:

> Existem, em outras palavras, *moderados religiosos* e *extremistas religiosos*, e suas várias paixões e projetos não devem ser confundidos. Um dos temas centrais deste livro, no entanto, é que os **moderados religiosos são, eles próprios, portadores de um terrível dogma**: eles imaginam que o caminho para a paz será pavimentado uma vez que cada um de nós tenha aprendido a **respeitar as crenças injustificadas dos outros**. Espero mostrar que o próprio **ideal de tolerância religiosa**—nascido da noção de que todo ser humano deve ser livre para acreditar no que quiser sobre Deus—é **uma das principais forças que nos empurram para o abismo**.

Ou seja, a ideia de respeitar religião é uma farsa, e pode nos levar ao abismo, à destruição coletiva.

Antes de ser expulso do grupo da CAPES de Facebook, recebi comentários agressivos, ataques e mais. Isso nos ajuda a ter uma ideia do estrago que religião faz na mente, mesmo de pessoas pagas para pensar, selecionadas a dedo para serem pagas para pensar. Pessoas que supostamente representam o pico de razão da sociedade.

Jorge Guerra Pires ▶ Jovem Pesquisador
Admin · Group expert in Technical Writing · +1 · August 8 at 1:48 PM

Quando concluí minha graduação, uma mistura de sentimentos tomou conta de mim. Enquanto muitos ao meu redor expressavam gratidão a Deus pela conquista, eu me senti como a ovelha negra por não seguir esse mesmo caminho. Achei curioso, para dizer o mínimo, como tantas pessoas ainda atribuem seu sucesso acadêmico a uma entidade divina em pleno século XXI. A religião tem sido chamada de pensamento mágico. Seria associar a uma figura divina nosso destino, minimizando o nosso esforço e até mesmo privilégios, que são evidentes na academia.

JOVEMPESQUISADOR.COM
O pensamento mágico na academia: 30% dos graduados agradeceram a Deus nos seus trabalho
Quando concluí minha graduação, uma mistura de sentimentos tomou conta de mim. Enquanto muitos ao meu redor expressavam gratidão a Deus pela conquista, eu me senti como a ovelha negra por não seguir...

1 comment

👍 Like   💬 Comment   📤 Send

Most applicable

Eduardo Lima Top contributor
Vai fazer apologia ao seu ateísmo babaca lá na puta que te pariu.
1d Like Reply

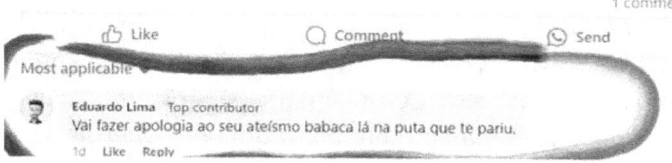

Cristianismo é pacífico, mas eles não aguentam nem mesmo uma crítica. Historicamente, eles queimavam pessoas na fogueira, incluindo, cientistas e mulheres. Para pessoas de Deus, são mais sensíveis do que dente com nervos expostos.

Algo interessante de mencionar sobre o pensamento ideológico vem de Harris Sam. É comum pessoas religiosas associarem grandes matanças ao ateísmo, como Hitler ser ateu. Como Sam destaca, apesar de que a religiosidade de Hitler era um mistério e seria errado chamar ele de religioso, ela era de origem católica e mencionou Jesus em inúmeros discursos, sua forma de pensar era similar à religiosa, bem diferente do ateísmo.

Ateísmo é liberdade de pensamento. Quando ver um ateu, é quase impossível saber no que ele acredita, o que ele pensa. Até mesmo a questão de não acreditar em Deus varia. No caso de Hitler, ele tinha dogmas, isso é a forma religiosa de pensar. Não existe nenhum exemplo de pessoas matando em nome de Platão, ou Einstein.

Note que as formas de pensamento podem se sobrepor: a separação é para efeito de didática. Uma pessoa com pensamento ideológico pode também ter o pensamento religioso, e o científico, como já destacamos. Isso vai depender digamos do assunto em questão. Esse livro nasceu do fato de que o pensamento científico parece ser sobreposto quando falamos de política, forte em eleitores do Bolsonaro, ou de religião. Contudo, o pensamento ideológico é também forte, menos inclinado ao religioso, nos eleitores do Lula. No entanto, como vamos ver no vol. II, alguns cientistas, como Darwin, conseguiram separar isso. No caso de Darwin, sua religiosos diminuiu e ele virou agnóstico, *cristão funcional*: o cristão que mantêm as tradições para evitar o isolamento. O *cristão funcional* funcional é praticamente um ateu. Uma das queixas mais comuns do ateísmo é o isolamento[154].

> "Cuidais vós que vim para dar paz à terra? Não, vos digo, mas, antes, dissensão. Porque daqui em diante estarão cinco divididos numa casa: três contra dois, e dois contra três. Estarão divididos: pai contra filho, e filho contra pai; mãe contra filha, e filha contra mãe; sogra contra nora, e nora contra sogra." Lucas 12:51-53[155]

---

[154]My Story of Religious Trauma | A Christian Intervention. https://www.youtube.com/watch?v=oM0boIr21lE
[155]https://youtu.be/oM0boIr21lE?si=NI2im8Sb06ff0UXk&t=1874

Um ponto interessante de notar: alguns apoiadores de Bolsonaro usam de grandes pensadores para apoiar ideias radicais. Hitler era um estudioso, e de certa forma, um intelectual. Não é a informação que dita a qualidade do pensamento, e sim o sistema operacional em si. Mesmo as melhores teorias não conseguem produzir grandes resultados, se forem processadas por pensamentos ideológicos, por pensamento dogmático e distorcido. Nem mesmo a grandiosidade intelectual libera uma pessoa de pensamentos ideológicos: alguns grandes nomes da física parecem ter apoiado o governo de Hitler, mesmo sendo um grande na sua área. No passado, existem casos e casos de pesquisadores que apoiaram governos assassinos.

Pensamento religioso

De todas as formas de pensamento que já tentei entender, a religiosa é o maior desafio.

O cérebro religioso para mim não faz nenhum sentido, é cheio de contradições: toda vez que me aventuro a falar com um religioso, saio ainda mais confuso. Como exemplo, salve ignorância da minha parte: como uma pessoa religiosa pode ser fissurada em exército e armamento? Não seria somente a Deus dado o direito de tirar a vida? Se são contra o aborto, por que são a favor de puxar o gatilho? Seriam eles a encarnação de Deus, e agem em nome de Deus?

Um pensamento para refletir.

A metamorfose de Jesus Cristo, de um humilde servo dos pobres abjetos para um símbolo que representa os direitos às armas, a teologia da prosperidade, a anticiência, o governo limitado (que negligencia os necessitados) e o nacionalismo feroz é realmente a transformação mais estranha da história humana. Rainn Wilson (conhecido como Dwight Schrute da série The Office)

Apesar de religiosos em geral seguirem essa forma de pensar, não é uma regra fechada. Um religioso pode ser religioso, mas na hora de trabalhar, separar essa forma de pensar do mundo. Contudo, devo estressar que concordo com Sam Harris: isso é arriscado. Isso existe um nível de autoconhecimento que pesquisas apontam existir em somente 5% das pessoas. Quando converso com religiosos, fica evidente que eles não conseguem ver uma gota de que o que falam é turbinado por religião. A prova disso é comparar as discussões em inglês com as por eles: a relação costuma ser linear. Eu geralmente somente traduzo os memes. Os livros que uso geralmente são em inglês, mas os problemas podem ser traduzido linearmente para o Brasil.

Isolar a religião da sua interação com o mundo é algo que poucos conseguem, quando conseguem. Como exemplo, eu mostrei na minha região que o vereador foi eleito por católicos[156]. Quando mostrei a um amigo, engenheiro, que é possível mostrar que ateísmo leva a ser pesquisador[157], ele reagiu rapidamente: no meu tempo não era assim. Claro que era! Ele somente nunca viu, e nunca vai ver, por ser cristão. Vamos voltar nisso no vol. II desta série.

Ao separar a religião do pensamento, isso seria uma forma de respeitar que nem todos pensam da mesma forma, uma dificuldade evidente em religiosos. A religião por si, como destaca Sam Harris, implica em impor sua fé nos demais. A Bíblia claramente recompensa quem espalha a fé.

> "Sem fé é impossível agradar a Deus, pois quem dele se aproxima precisa crer que ele existe e que recompensa aqueles que o buscam" Hebreus 11:6

Somente a ideia de que quem não tem fé vai ser punido, com tortura eterna, induz pessoas a protegerem seus amados, empurrando a fé, mesmo que for goela abaixo. Isso é uma das coisas mais assustadoras que se poderia dizer a um pai, a uma mãe. Eles vão fazer de tudo para garantir a presença dos filhos no paraíso. Nos Estados Unidos, pais estão arriscando serem presos, e pagando milhões a charlatões que colocam seus filhos em universidades como Harvard alterando notas (conhecido como "porta dos fundos"), isso é fraude perante a lei americana, isso mostra o nível que os pais podem chegar ao acreditarem que algo pode ocorrer com seus filhos, se algo não for feito por eles. No caso da educação, o medo é

---

[156]O voto evangélico vs. o voto católico: o que os dados nos dizem sobre religião e política em Antônio Pereira. https://bit.ly/3TzRLwb
[157]Pensamento mágico na academia. https://bit.ly/3yIMdbs

real. Ver meu livro "A armadilha da meritocracia: Por que "o céu é o limite" não é verdade".

> "Quem crer e for batizado será salvo; mas quem não crer será condenado" Marcos 16:16

Inclusive, a Bíblia responsabiliza abertamente os pais.

> "Instrui o menino no caminho em que deve andar, e, até quando envelhecer, não se desviará dele" Provérbios 22:6

Marina Silva é evangélica, somente fiquei sabendo quando li o livro dela "Marina: A vida por uma causa". Nem mesmo um amigo meu evangélico sabia disso, ficou surpreso quando eu disse. A Marina faz o que ela chamou de *política baseada em evidências*. Marina é o oposto de política do negacionismo, forte no Brasil.

Contudo, acho extremamente desafiador isso: separar a religião do pensamento lógico, onde começa um e onde termina o outro. Como exemplo, um engenheiro passa grande parte da sua carreira aprendendo lógica. Como pode um engenheiro aceitar a argumentação antiaborto dos religiosos? Eles usam a argumentação de estarem protegendo a vida. Contudo, esses mesmos grupos continuaram apoiando um governo que imitou pessoas morrendo, negligenciou a pandemia e mais. Mesmo com todas as mortes em Gaza, metade sendo crianças e mulheres, essas pessoas continuam defendendo Israel. Uma vez que você convence essas pessoas de que o outro lado é o mal, mortes se tornam justificáveis.

De acordo com a bíblia, Deus permitiu matança de crianças. A resposta simples para por que Deus permitiu tais eventos é por causa do pecado dos pais. O pecado tem consequências de longo alcance, afetando não apenas o indivíduo, mas também seus descendentes

(Êxodo 20:5-6). Ou seja, eu tenho de pagar pelos erros dos meus pais. Meu pai andou armado no passado, irritou muita gente. Agora, imagine se eu tivesse de responder pelo meu pai hoje.

Existem também outras consequências escondidas. Pessoas religiosas tendem a correrem riscos além do necessário[158]. Conheço uma amiga religiosa que foi investir no mercado de ações, ela investiu tudo em ações, logo de primeira. Ninguém deveria fazer isso. Outro me explicou como investe: ele chuta que um mercado vai crescer, e investe. Como expliquei para ele, isso é especulação. Nenhum investidor inteligente faz esse tipo de coisa[159].

Outros estudos mostraram que pessoas religiosos são alvos mais fáceis de golpista, especialmente se o golpista compartilhar da mesma religião[160].

Gostando ou não: o pensamento religioso molda como você pensar, e decide. Com certeza influencia o seu voto[161].

---

[158]Thinking of God Makes People Bigger Risk-Takers.
https://www.psychologicalscience.org/news/releases/thinking-of-god-makes-people-bigger-risk-takers.html
[159]O investidor inteligente Lourdes Sette e Benjamin Graham
[160]When the Religious Fall Prey to Fraud.
https://www.acamstoday.org/when-the-religious-fall-prey-to-fraud/
[161]O que os dados nos dizem sobre religião e política em Antônio Pereira. https://bit.ly/3ySozce

Como exemplo, o negacionismo do governo Bolsonaro achou suporte na comunidade evangélica por ser a forma como eles pensam: não há necessidade de evidências para provar afirmações, desde que seja um salmo da bíblia, a fé preenche o resto.

Durante a pandemia, evidências e ciência tinham pouco peso. Pesquisadores eram demitidos por usarem dados digamos para provar o desmatamento, usando imagens de satélites; teve um caso de uso de instituições sérias para gerar relatórios com sérios problemas científicos. As mortes encontravam narrativas sem evidências, e suportada por pessoas religiosas.

"Agora questionamos até fatos"

Maria Messa ao Roda Viva

A forma de pensar dos religiosos é *circular*. A argumentação avança, até chegar a salmos da bíblia, *cláusulas pétreas*. Essas cláusulas não são questionáveis. A ciência usa padrão similar, mas no centro temos teorias e pesquisas primárias. Contudo, a diferença surge que podemos questionar tudo isso, caso tenhamos meios para isso. Quando Einstein tentava desenvolver a teoria da relatividade, quando tentava considerar a velocidade da luz constante, ele esbarrou em uma teoria aceita: a teoria do éter. Ele também estava de frente a um Deus: Issac Newton! Agora, todos nós aceitamos suas teorias.

Resumindo:

> A incompatibilidade do pensamento científico e religioso jaz nas evidências. O primeiro usa evidências, o segundo não. O primeiro aceita que as suas ideias sejam refeitas, o segundo não.

Pensamento ideológico

*"Ideologia, em um sentido amplo, significa aquilo que seria ou é ideal. Este termo possui diferentes significados. No senso comum, é tido como algo ideal, que contém um conjunto de ideias, **pensamentos, doutrinas ou visões de mundo de um indivíduo [ex., Bolsonaro] ou de determinado grupo [ex., bolsonarismo]**, orientado para suas ações sociais e políticas."*[162]

Thais Oyama, como resultado de pesquisa de livro começado antes de Bolsonaro ser eleito, em entrevista, destaca que Bolsonaro tem um conjunto de ideologias rígidas, como patriotismo. Isso fica evidente na forma de governar, como alocação de cargos a militares e pastores. Nessa forma de pensar, podemos resumir a competência de uma pessoa pela posição na sociedade: sendo evangélico ou sendo militares. Acho que qualquer pessoa fora da bolha sabe que isso não é verdade!

Nossas competências intelectuais e profissionais não dependem da cor da pele, do sexo ou mesmo orientação religiosa.

Conclui um estudo, mostrando a dificuldade de adivinhar a inteligência das pessoas somente olhando a pessoa: "Nosso estudo não revelou nenhuma relação entre inteligência e atratividade ou formato do rosto."[163]. Ou seja, não, você não consegue adivinhar a inteligência das

---

[162] https://www.significados.com.br/ideologia/#:~:text=Ideologia%2C%20em%20um%20sentido%20amplo,suas%20a%C3%A7%C3%B5es%20sociais%20e%20pol%C3%ADticas. Acessado em 20/01/23

[163] Kleisner K, Chvátalová V, Flegr J. Perceived intelligence is associated with measured intelligence in men but not women. PLoS One. 2014 Mar 20;9(3):e81237. doi: 10.1371/journal.pone.0081237. PMID: 24651120; PMCID: PMC3961208.

pessoas pela aparência. Na verdade, trabalhos de Daniel Kahneman mostram o oposto: que somos péssimos em adivinhar coisas como a profissão futura de uma pessoa. Eu notei que pessoas julgam inteligência das pessoas baseado nas escolhas. Ou seja, se as escolhas da pessoa, como religião e posicionamento político são iguais às minhas, essa pessoa é muito inteligente; ou o oposto, ele é muito estúpida. Não precisamos ser Einstein para ver que as pessoas estão meramente procurando idiotas como eles, e associando inteligências aos idiotas que compartilham as mesmas idiotices.

Existe um nome para isso: Efeito Auréola.

O efeito auréola é a possibilidade de que a avaliação de um item, produto ou indivíduo possa, sob um algum viés, interferir no julgamento sobre outros importantes fatores, contaminando o resultado geral. Por exemplo, nos processos de avaliação de desempenho o efeito auréola é a interferência causada devido à simpatia que o avaliador tem pela pessoa que está sendo avaliada.

Uma forma de efeito auréola é associar inteligência a pessoas que gostamos, ou moral acima da maioria, ou competência. Não é por acaso de psicopatas são pessoas bonitas e charmosas, em geral. Menos ainda, políticos, atores e mais.

O oposto é..... efeito chifre.

O oposto do efeito auréola é conhecido como efeito chifre. Enquanto o efeito auréola faz com que uma impressão positiva sobre uma característica de uma pessoa influencie positivamente a percepção de outras características, o efeito chifre faz o contrário: uma impressão negativa sobre uma característica leva a uma percepção negativa de outras características dessa pessoa. Isso inclui aparência. Uma vez uma pessoa comentou em um vídeo meu, sobre minhas habilidades intelectuais, tinha feito uma entrevista ao Superprof, ao virar superprof: você é muito feio. Na cabeça dessa pessoa, muito provavelmente, bateu uma dissonância cognitiva. Eu respondi: quando eu ficar rico, te contrato para falar por mim. Ele respondeu, de forma bem-humorada: eu também estou mal.

Eu sempre me perguntei, quando jovem, porque programas de ciência na TV eram apresentadas por atores. Nunca eram os cientistas em si. Isso ocorre devido a esses efeitos: associamos inteligência a pessoas bonitas, e não levamos a sério pessoas feias.

Como destaca Atila Iamarino:

> PENSAMENTOS IDEOLÓGICOS DIMINUI NOSSA CAPACIDADE COGNITIVA.

No exemplo dado, pessoas são orientadas a interpretar artigos sobre armamento: a posição alterou a interpretação. Esse mesmo experimento foi feito com um tema neutro, e nesse caso, a habilidade técnica que previu os erros de interpretação, não a ideologia.

Política tem um efeito mais nefasto em cientistas

Fonte

Pensamento em grupo

Nessa forma de pensar, o pensamento do grupo prevalece. Mesmo se houver evidências ao contrário. Muitos já documentaram que *pensamento grupal* pode limitar os indivíduos. Alguns mostraram como exemplo que pessoas podem deixar de expressar suas ideias para evitar rejeição do grupo. O bolsonarismo é uma forma de pensamento grupal; além de religioso e ideológico. O petismo, como eu vejo, fica mais no pensamento grupal, e até mesmo ideológico.

PENSAMENTO GRUPAL

LULA LADRÃO!

Recentemente, o Flávio Bolsonaro foi atacado nas redes por bolsonaristas por rejeitar a prisão do Alexandre de Moraes. Generais, antes idolatrados, foram chamados de "cagões" por rejeitarem um golpe de estado.

Pensamento dogmático

*"**Dogma** é princípio que se convenciona não discutir e, muitas vezes, **que não se aceita discussão**. Uma doutrina dogmática é um sistema oficial de princípios que **devem ser aceitos tais como são**, sem discussão.* " **Wikipédia**

Se observamos o bolsonarismo, isso durante um longo período para evitar generalizações rápidas, e também suas gênesis, discutido no livro Engenheiros do Caos de Giuliano da Empoli, temos um *pensamento dogmático*.

Um exemplo de dogma seria o ódio do PT e do Lula. Agora que o tempo passou, isso ficou ainda mais escancarado. Se o Lula anunciar uma campanha para acabar com O

Aedes Aegypti, bolsonaristas vão criar uma campanha de proteção ao mosquito, e vão chamar o Lula de genocida. Durante a aparição do ministro Haddad na câmara dos deputados, bolsonaristas defendia não taxar jogos de azar, que na prática, é incentivar[164].

Isso é algo que em nenhuma circunstância, até mesmo uma possível ditadura militar, é negociável. Nem mesmo com risco de derrubar a democracia, as pessoas mudam: mesmo com tantas mortes, agora com as tragédias dos Yanomami, eles mudam de lado. Outro exemplo seria a forma como eles veem a corrupção: não engloba uma visão geral e inteligente, mas uma visão bem rígida e fixada no PT, uma visão "concreta", uma "corrupção seletiva". Nosso QI cresceu porque criamos ideias abstratas, a visão dogmática não consegue abstrair além de um pequeno número de exemplos. Seria como se nunca tivéssemos desenvolvido o método indutivo: de pequenos exemplos, criamos abstrações gerais.

Assuntos relacionados aos padrões de pensamento

Vamos falar brevemente de alguns assuntos relacionados.

Alinhamento automático

Como destacado no livro Engenheiros do Caos de Giuliano da Empoli: a versão na Itália do Bolsonarismo pedia alinhamento automático aos ideais do grupo.

""As formigas", escreve os idealizadores do movimento que pode ter sido a gênesis do bolsonarismo, "seguem uma série de regras aplicadas

---

[164] https://www.youtube.com/watch?v=T8v0jVxwncI&t=3s

a cada indivíduo, por meio das quais se determina uma estrutura muito organizada, mas não centralizada. Cada formiga reage ao contexto, ao espaço no qual se desloca e às outras formigas." [Nós, engenheiros, chamamos isso de "inteligência de formigas", ou mesmo "inteligência de enxames"]"

<u>Inteligência de formigas</u>

Nessa forma de pensar, o pensamento em grupo serve como alinhamento, sem questionamento.

Efeito Dunning–Kruger[165]

"O efeito Dunning-Kruger é o viés cognitivo pelo qual pessoas com baixa habilidade em uma tarefa superestimam sua habilidade. Alguns pesquisadores também incluem em sua definição o efeito oposto para as pessoas de alto desempenho: sua tendência a subestimar suas habilidades."

<u>Wikipédia</u>

---

[165] https://pt.wikipedia.org/wiki/Efeito_Dunning%E2%80%93Kruger

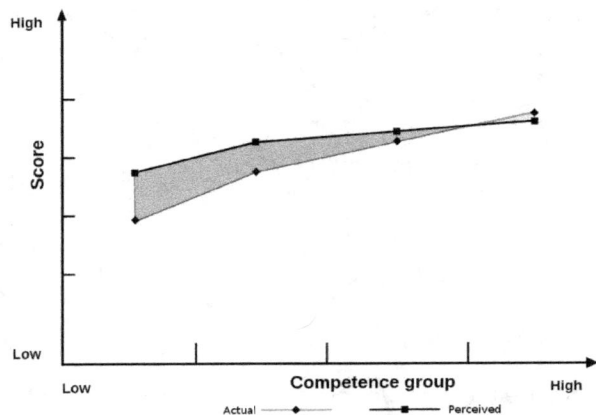

Esse gráfico mostra no eixo x a competência dos grupos estudados; no eixo y, a medida da inteligência do grupo. Os triângulos são as medidas de inteligência reais, ao passo que os quadrados são pessoas fazendo autojulgamento, a pessoa declarando sua própria inteligência sem qualquer medida externa. Fica evidente que a curva de baixo somente cruza a de cima quando a inteligência é alta, ou seja, quando mais inteligente a pessoa, mais ela não se considera inteligente.

Ou seja, colocando em português direto: o inteligente reconhece sua estupidez, acima do real; o estúpido nem consegue ver sua própria ignorância, e acha sua inteligência acima da média. Lembra de que as pessoas julgam a inteligência alheia usando a própria?

Junta isso com uma outra pesquisa que mostrou que pessoas com baixa inteligência se alinham à direita do espectro político, temos o bolsonarismo. Um movimento intolerante, estúpido, que está sempre colocando pessoas como burras somente por apoiar o PT e o Lula.

Relação entre o desempenho médio *autopercebido* (ou seja, declaração da pessoa, autoimagem) e o desempenho médio real (ou seja, realidade, o que a pessoa realmente sabe) em um exame universitário. A área vermelha mostra a tendência de pessoas de baixo desempenho a *superestimar suas habilidades*. No entanto, a autoavaliação das pessoas de baixo desempenho é mais baixa que a das pessoas de alto desempenho. Fonte[166]

Como me informar dado o mar de mentiras online? Como confiar em uma fonte?
Algumas dicas:

- **Dê preferência para fontes neutras, sem conflito de interesse** – Como exemplo, uma pessoa que questionou os resultados das urnas e ficou famoso era amigo da família Bolsonaro. Isso seria

---

[166] Por https://commons.wikimedia.org/w/index.php?title=User:Diego_Moya - File:Dunning–Kruger_Effect.svg, CC BY-SA 4.0, https://commons.wikimedia.org/w/index.php?curid=118824438

motivação o suficiente para questionar os resultados;
- **Cruze fontes** – quanto mais pessoas falando algo melhor. Contudo, escolha pessoas confiáveis e têm um histórico que pode ser checado. Bob343 no Twitter muito provavelmente criou sua conta há um mês, e tem um histórico claramente golpista;
- **Dê preferência ao jornalismo profissional** – o jornalismo profissional é feito de pessoas que vivem disso, que precisam do emprego, que possuem uma carreira a zelar. Além de geralmente terem cursos em jornalismo, e mais. Um curriculum para defender e zelar;
- **Procure ouvir especialistas** - pessoas que trabalham no assunto e possui respeito de muitos;
- Evite ter somente uma fonte, ou um número pequeno;
- Estude o histórico da sua fonte – muitas pessoas possuem um histórico de inclinação forte a um lado.
- Considere fontes de formações diferentes, como digamos um inclinado a economia, outro ao meio ambiente. Isso serve a metáfora dos cegos descrevendo um elefante: cada uma pega um lugar e descreve algo baseado no que toca;

O mais importante, que aprendemos nesse livro: seja crítico!

Algumas falhas comuns no pensamento

"Não sei o que está errado com as pessoas,
elas não aprendem entendendo,
elas aprendem por algum mecanismo alternativo;
elas aprendem por repetição, ou algo assim.
O conhecimento delas é frágil"
Richard Feynman

Por mais que as pessoas gostem de assumir que são sensatas, não são; o pensamento delas é cheio de furos e falhas. Como exemplo, eu mostrei anteriormente que pessoas conseguem acertar estatísticas sobre estupros, mas não conseguem conectar os pontos e inferir dessa informação. Tem um estudo que mostrou que pessoas não acreditam em fantasma, mas acreditam em casas assombradas[167]. Esse tipo de observação, central no livro *Behave* de Robert M. Sapolsky, nos lembra o quão a mente humana pode ser complexa, e a necessidade de treinar as pessoas a usarem essa ferramenta. A mente humana é como um carro: não podemos subestimar seu poder, sua capacidade de causar danos para a pessoa em si e para a sociedade.

---

[167]Steven Pinker no livro *Rationality*: "Também significa que algumas pessoas acreditam em casas assombradas por fantasmas sem acreditar em fantasmas." . Fonte: Moore 2005. See also Pew Forum on Religion and Public Life 2009, and note 8 to chapter 10 below.

Nossos pensamentos são cheios de furos, sugiro como exemplo estudar as tendências cognitivas, falamos de algumas nesse livro, como a tendência de confirmação, e vamos falar brevemente da *tendência da disponibilidade*. Existem tantas que seria necessário um livro inteiro. Muitas estão no livro Duas formas de Pensar, de Daniel Kahneman.

Tendências cognitivas, viés cognitivo, são atalhos mentais. Seria uma forma bem primitiva de pensar. Poder-se-ia dizer que é um "hábito do pensamento". No livro de Kahneman, ele chama essa forma de pensar de rápida, por ser rápida! Essa forma de pensar é reativa, e raramente pondera. Além dessas falhas do pensamento, talvez sejam variações, organizei algumas que vejo nas pessoas quando converso tanto online quanto presencial. Algumas são mais fortes online, como a tendência de "assumir", e ao mesmo tempo, concluir. Em uma conversa presencial, geralmente, as pessoas são mais cuidadosas. Achei importante incluir no livro por ser algo bastante ruim para o pensamento, especialmente, quando não temos consciência. Apesar de não ser muito fã da figura, Elon Musk disse algo nessa direção: questione sempre seus pensamentos. Na teoria de Kahneman, esse questionamento seria o "pensar devagar". <u>Vamos falar mais do Kahneman no futuro</u>.

É importante destacar que a teoria das pessoas serem racionais, e falhas do pensamento é bem interessante e rica; ver o livro de Daniel Kahneman "Rápido e devagar: Duas formas de pensar".

Generalização prematura: quando temos uma agenda, e tendência de confirmação faz o resto

Enquanto esperava no consultório odontológico, comecei a conversar com uma pessoa que conhecia de alguns encontros que fazemos localmente. Então, veio a bomba: eleitora do Bolsonaro. Como sempre, fico surpreso porque a imagem do Bolsonaro e sua imagem pública não batem com a imagem da pessoa socialmente.

Existe como sempre bastante ambiguidade no bolsonarismo, isso aparece também nas pessoas que geralmente votam nele, somente sabemos quem vota no Bolsonaro ao falarem, não tem como saber da história da pessoa. Parece um daqueles segredos como escolha sexual que misteriosamente aparece, e tudo agora faz sentido; aprendi a simplesmente aceitar quando alguém se declara eleitor(a) do Bolsonaro, aprendi a não tentar entender, achar motivos.

Eu sempre fico tentado a perguntar devido à forte dissonância que vejo; talvez por isso a dissonância cognitiva, teoria da psicologia, parece ser a teoria que melhor explica o bolsonarismo, a pessoa percebe a incoerência, e para eliminar a dissonância, cria argumentações claramente irracionais, simplesmente para tapar buracos.

Para minha não surpresa: uma negadora das urnas. Sim, evangélica. Como dizem, o voto evangélico é homogêneo. Uma vez o mesmo pertenceu à Marina Silva, que chegou a 20%, então foi transferido para o Bolsonaro; não entendo a lógica, comparar Marina Silva com Bolsonaro; "facinho de confundir Com João do caminhão".

> *"Em uma das mais estrondosas, Marina voltou atrás no apoio a criminalização da homofobia e ao casamento gay, propostas que sofrem oposição de líderes evangélicos."*
> [Cinco razões que explicam queda de Marina Silva](#)

Nas ciências, temos o que chamamos de *método indutivo*. O método indutivo, ver meu *ebook* para saber mais "Introdução à pesquisa científica", é uma forma de sair de exemplos individuais para generalizar.

Seria uma forma de elevar nossas conclusões, de deixar os exemplos e fazer previsões; sem essa forma de pensar, ficaríamos sempre considerando exemplo por exemplo. O pensamento religioso não consegue generalizar. Por isso, fica todo fragmentado, e sem sentido quando considerado como um bloco.

Cristão falando:

- Há apenas um Deus

- Jesus é Deus- Deus enviou Jesus

- Deus é um espírito

- Espírito não pode morrer

- Jesus é Deus- Jesus morreu

- Deus não pode morrer

- Jesus ressuscitou dos mortos

- Deus é onipresente

- Estamos esperando a segunda vinda de Jesus.

Fazemos isso o tempo todo, mas fazemos de forma problemática em alguns cenários; nas ciências, esse método ganha esse nome legal, 'indutivo', mas é na verdade algo que todos fazemos, para o bem ou para o mal. Se digo que minha amiga tem um cachorro, e o cachorro dela tem 4 patas; uma outra também tem um cachorro, também com quatro patas; logo, usando indução, posso concluir que todos os cachorros possuem 4 patas. Sim, ficamos susceptíveis para no futuro aparecer um cachorro de 3 patas, e outro de 2 patas; mas esses eventos são improváveis dado nossas observações, mas pode sim ocorrer.

Esse método, como qualquer método científico cria a possibilidade de ser negado, conhecido como *falseabilidade*. Como brinca o Pondé[168]: se digo que tem um espírito ao seu lado, não há formas de provar nem negar isso.

---

[168] https://youtu.be/PJ4ouTLMo9c?t=401 Acessado em 26/06/23.

Quando temos de provar algo como fantasmas, chamamos de negativa. "Provar uma negativa é impossível" é um princípio frequentemente discutido em filosofia, lógica e ciência. Negativa é algo que aceitamos como certo, sem evidências, como Deus. Isso seria provar crenças, provar algo que nunca foi provado. Ou seja: provar que Deus não existe é provar uma negativa uma vez que ninguém nunca provou que ele existe.

Provar que um remédio não funciona pode ser mais difícil do que provar que eles funciona. Isso seriam os "remédios" da vovó": talvez funcione, talvez não. Pode ser que a cura do remedinho da vovó não seja o remedinho, seja algo que ela coloca junto com o remedinho, ou talvez seja crença de que funciona, chamado de _efeito placebo_.

No caso da nossa conversa, a pessoa afirmava não ter conseguido votar no seu candidato, isso significa que as urnas não são confiáveis; seria, se entendi bem, uma prova de fraudes. Eu também não consegui votar na deputada estadual que mais queria, não aparecia na urna; fiquei muito irritado na hora, pensei "essas urnas não são confiáveis". O mesário me instruiu a fazer um relatório, eles têm um protocolo para isso. Chegando em casa, decidi primeiro conferir o número novamente, errei um único número.

Consegue notar a facilidade de sair acusando as coisas antes de checar cuidadosamente? Externalizar nossos erros em prol de uma causa que nos agrada? O descaso com as possibilidades quando temos nossa própria agenda?

Mesmo que tivesse havido erros, isso não significa que o erro seja sistêmico; que seja um erro em todo o sistema eleitoral.

Todo sistema possui erros. Suponha que vai a um médico, e ele erra no diagnóstico, você deixa de confiar em médicos? Acredito que não, pelo menos, normalmente não. Suponha que o aparelho do médico erre nas medidas, isso significa que todos os equipamentos não são confiáveis? Claro que não! O máximo que pode afirmar é que aquele equipamento, ou o modelo, é péssimo.

Todo sistema, todo equipamento, possui uma margem de erro, mas isso não significa que não seja confiável; chamamos isso de eficácia. Testes de gravidez erram em uma certa porcentagem (1-5%); a camisinha pode falhar em 3% dos casos; métodos contraceptivos podem chegar a 9%. As pessoas não deixam de usar, porque as urnas seriam diferentes? Por que o Bolsonaro disse?

> *"Uma forma de dizer se algo é correto é perguntar ao Bolsonaro, o que ele disser, faça o contrário"* **Dilmoca**

Talvez deveríamos usar o Bolsonaro no combate à AIDS e gravidez precoce! Uma urna falhar para 200 milhões de pessoas é nada! Mesmo que seja o caso. Isso é inevitável em qualquer equipamento, não seria diferente com as urnas. Os erros com o voto impresso eram muito maiores porque envolvia mais equipamentos, como impressoras, que sempre falhavam. A grande questão das pessoas que atacam as urnas é que não possuem uma solução melhor, e parecem não saber da história das urnas, dos problemas do voto impresso, ou mesmo da logística e custo de se conduzir uma eleição.

Quartel não é urna, nem igreja, nem mesmo religião.

No caso da pessoa, ela generalizou muito rápido, devido a uma agenda já escolhida, já predefinida. Isso se chama tendência de confirmação. Passamos a maximizar pequenos eventos que defendem o que queremos, e minimizamos, até ignoramos, o contrário.

Quando converso com pessoas religiosas, elas mostram um ceticismo em torno das teorias científicas. Até aí tudo bem. Teorias científicas não devem ser usadas de forma inquestionáveis, não "acreditamos" nas teorias, como ouço religiosos perguntando: *você realmente acredita que viemos dos macacos*[169]?

Contudo, esse mesmo ceticismo não se vira contra a bíblia: quem questionou sobre o umbigo de Adão e Eva não foram religiosos. Uma pessoa assume que uma figura surgiu do nada, e criou o mundo com uma vara mágica, e ela nunca se questiona de onde vem essa figura. Mesmo quando dizemos para ele esse paradoxo, ela nem considera a bizarrice.

O *Big Bang* não pode surgir do nada, mas Deus pode. Dois pesos! Claro, o *Big Bang*, diferente do que eles assumem, não diz que o universo surgiu do nada, somente diz que não sabemos de onde vem a energia. O *Big Bang* diz que o universo está expandindo, que houve uma explosão que gerou essa expansão. Mas, não!, eu aceito que cobras falam, um homem anda em cima da água, transforma água em vinho e uma pessoa recolhe todo os animais do mundo, mas não nem considero uma teoria que diferente da religião, tem provas, evidências. Não existe nada, em +2.000 anos que prove a existência de Deus. Mesmo um dos maiores gênios, Newton, não conseguiu provar existência de Deus.

Na indústria, um processo chamado de Controle de Qualidade, pega-se uma amostra do produto que será vendido, usando métodos estatísticos, para mostrar que o produto é confiável. Caso você queira provar a fraude das urnas, precisa ou testar todas as urnas, um processo custoso e demorado; depois que testar uma urna, ela pode estar no seu último suspiro, e parar de funcionar assim que colocar para rodar, ou precisa fazer

---

[169]Nos não viemos dos macacos, temos ancestrais em comum. Existem evidências para isso. Ver Sapiens - Uma Breve História da Humanidade por Yuval Noah Harari.

amostragens. Detalhes: vários órgãos já fazem isso, como a USP, entre outras universidades públicas[170].

Visão caricaturada da realidade

"Todos modelos estão errados, mas alguns são úteis" disse George Box.

Visão caricaturada da realidade é uma simplificação da realidade, ou alimentada por informações falsas ou distorcidas, ou mesmo por formas de pensar erradas. As redes sociais "descobriram" isso, de como somos susceptíveis a informação falsa, ou mesmo, tendenciosa. Confundimos familiaridade com verdade. Até mesmo, quantidade com verdade.

---

[170] Informe assinado por pesquisadores da USP, UFSCar e UFABC rebate alegações infundadas sobre o sistema eleitoral. https://bit.ly/3zdQW5s

Sugestão de leitura. Para entender melhor a questão do uso de redes, desinformação e mais, ver meu outro livro: Inteligência Artificial e Democracia: Ensaios, pensamentos, e percepção no uso da inteligência artificial para manipulação em massa

A religião possui visões da realidade, como o criacionismo, que até uma criança entende. O problema não é isso, mas o fato de que os adultos continuam com essas versões mesmo depois que crescem; pior, repassam para as criancinhas e ficam nervosas quando alguém questiona, fala de darwinismo.

Uma criança acreditando em criacionismo é até bonitinho e fofinho, mas um adulto é patético.

A ciência possui versões que presam mais pelas evidências, pelos fatos. Nem sempre a versão real é simples como gostaríamos. Einstein era famoso por buscar simplificar, mas ele falhou.

O pensamento de Deus hoje ocupa as mentes das pessoas mais brilhantes: a equação mestre, o pensamento de Deus em equação. Deus escreve com linhas tortas, isso não significa que sua caligrafia seja legível, ou na nossa linguagem. A linguagem mais eficiente para ler os pensamentos de Deus tem sido a matemática.

Como exemplo, o caso da pessoa que acusou fraudes nas urnas usando uma analogia. "Algoritmos são como receita de bolo", isso prova fraudes.

Se provasse, todos os bancos estariam quebrados, e criptomoedas não existiriam. Nem mesmo a bolsa de valores. Todas essas entidades, que precisam ser seguras, usam algoritmos, similar ao das urnas. Os ataques esporádicos a bancos não quebram os bancos por serem esporádicos. Muitos desses ataques ocorrem devido a falhas humanas, que aumentariam caso o voto fosse impresso. Voto impresso somente aumentariam as fraudes, olhe o passado, onde o voto era impresso.

Sua forma de ver as coisas é apenas um modelo. Temos modelos de tudo: justiça, certo e errado, pessoas valentes, violência, corrupção e mais. Nossas conclusões passam por esses modelos; um exemplo seriam os estereótipos, que são modelos de pessoas. A terapia cognitiva comportamental na forma como conheço usa isso: em um exercício precisa desafiar esses modelos, que geralmente levam a conclusões erradas como "*awfulizing*" (sem tradução para o português, seria pensar em algo muito pior do que é).

Pensar com um péssimo modelo leva a conclusões erradas, usar dados de entrada também ruins levam a péssimas conclusões. Notícias falsas são dados de entradas contaminados com mentiras e visões ideológicas, e quando somado a visões caricaturadas de algo, como STF ou mesmo liberdade de expressão, temos algo altamente inflamável.

Pensamento nos extremos

Funciona assim: quero defender o armamento, então uso o caso de alguém que foi morto em casa, e não tinha uma arma. Isso parece ser a *tendência da disponibilidade*, ao menos, parte dela. Nos baseamos fortemente em informações facilmente disponíveis, geralmente, na mídia; ou em debates de candidatos. Isso não inclui checar as informações.

Em debate, o Ciro Gomes destacou que a legítima defesa é rara para defender o porte de arma; a pessoa que defendia teve sua arma roubada em um assalto, ou seja, nem mesmo o defensor do armamento conseguiu se defender de um assalto.

Mesmo quando mata alguém por legítima defesa, isso não é brincadeira de criança, onde se grita "foi por legítima defesa que fuzilei a pessoa; ele disse que não gosta de coentro", e tudo acaba: tem todo um processo jurídico para provar isso, provar que realmente você estava sendo ameaçado, de que a força usada na resposta foi proporcional. Teve uma deputada que sacou a arma em público, local cheio de pessoas, porque se achou ofendida; depois, vídeos mostraram que não houve ofensas proporcional à resposta.

Quando eu converso com religiosos sobre religião e ética, eles adoram o exemplo de que sem ética, a pessoa vai abusar de crianças, estuprar crianças. Eles insistem que religião melhora a ética das pessoas. Vejo adultos ensinando religião a jovens ainda crianças, com a esperança de que vão se tornar pessoas mais respeitosas e ética.

Nosso mundo está mergulhando em um dos maiores abismos de ética, e vamos lembrar que a religião esteve aí tempo todo, sendo ensinada aos jovens. E a culpa deve ser do Lula. Esse é um pensamento nos extremos. Não vamos esquecer que os casos de pastores e padres abusando de crianças pipocam diariamente nos noticiários; isso inclui também abuso de mulheres, estupros. A religião está aí há +2.000, e não conseguiu melhorar a moral nem mesmo dos padres e pastores.

Pensamento emotivo vs. racional

Uma vez estava ouvindo um comentarista falar que acompanho há tempos, e ele adicionou no final da fala: "desculpe-me em ficar nervoso". Nunca diria que ele estava nervoso. Por mais que possamos assumir como *default*: não é simples inferir emoções das falas das pessoas; nem mesmo do rosto como pesquisas mostraram. Mas sem sobra de dúvidas: emoções tornam nosso pensamento susceptível a erros intelectuais, ou mesmo erros básicos.

Não existe um consenso entre pesquisadores do lugar das emoções no pensamento racional. Eu considero algo ruim. Acredito que quando ficamos emotivos, ficamos menos inteligentes. Claro, emoções diferentes causam danos diferentes. A raiva é a pior emoções para o pensamento, e políticos como Bolsonaro sabem usar isso bem[171]: ver as notícias que geralmente usam. Geralmente, são curtas, mas com alguma palavra para gerar muita raiva[172]. Não sei de números, mas observando, diria que emoções desativa nosso lado racional quase por completo.

O pior de tudo é que poucas pessoas sabem que estão sendo emotivas. Geralmente, no melhor cenário, identificam raiva. Como uma vez ouvi: "as redes não valorizam fatos, mas sim emoções"[173]. Alguns pesquisadores apontam que emoções é a forma mais antiga e primitiva de pensamento[174]: muito provavelmente está ligado a extintos de sobrevivência.

Como exemplo, algumas vezes vejo pessoas tentando empurrar argumentações online, e parece-me claro que estão ofendidas. Como exemplo, posso dar uma argumentação cientificamente embasada, mas se ofender alguém, e sempre ofende, a pessoa vai defender como se fosse racional, mas é guiado por ofensa.

Racionalização pode se passar por pensamento racional: infelizmente, não temos como saber se a pessoa realmente está sendo racional ou emotiva. Somente em casos bem específicos. Como gosto de brincar: a diferença entre o meu f*da-se e o seu é que o meu tem embasamento científico. O que quero dizer: não é a forma como falamos que torna nosso argumento racional, mas sim a motivação. Uma pessoa pode ser calma e fria por fora, mas claramente sendo motivada por ofensas e raiva.

---

[171] Sugestão de leitura: Patrícia Campos Mello. A máquina do ódio: Notas de uma repórter sobre fake news e violência digital
[172] Ver livro "Engenheiros do Caos" de Giuliano da Empoli.
[173] https://youtube.com/clip/UgkxYieGOCOldL4vOZtGku2nlE0mOmQV4-db
[174] https://www.youtube.com/watch?v=0gks6ceq4eQ&t=210s

A melhor arma contra emoções é usar fontes distantes de nós, e do assunto. Como exemplo, se um assunto é delicado para você, procure a opinião de outra pessoa. Leia diferentes fontes. Eu venho usando o chatGPT para me ajudar a me distanciar das minhas pesquisas emocionalmente. Ver meu livro <u>Desinformação, infodemia, discurso de ódio, e fake news</u>.

Ainda nessa linha, a comunicação não violenta (cnv) chama nossa atenção para o fato de que confundimos pensamento com sentimentos. Dizemos: "penso que estou triste", "acho que você é uma pessoa chata". Esses dois exemplos misturam sentimentos com pensamentos. No primeiro, temos "pensar" usado com "triste", um é pensamento, ou outro é sentimento. No segundo exemplo, temos "o pensamento sobre uma pessoa", mas chances são de que a pessoa que fala está chateada.

Ainda na cnv, confundimos "julgamento" com "pensamento puro". Quando digo que alguém é psicopata, muito provavelmente, isso é um gesto de raiva, decepção ou similar. Chances são de que a pessoa nem sabe o que é um psicopata. Como disse Feynman, usando minhas palavras, existe uma diferença entre saber uma palavra, e saber o seu significado.

Algumas dicas que geralmente funcionam para mim:

- Quando o assunto for espinhoso para você, não responda na hora. Chances são de que vai ficar defensivo, o que já foi comprovado em diminuir o coeficiente intelectual;
- Se perceber que ficou ofendido, ou similar, peça tempo. Nem precisa falar que ficou ofendido. Como diziam os estoicos, usando minhas palavras,

nunca levante para se defender motivado por ofensas;
- Quando o assunto for carregado emocionalmente, como política, procure responder com um espaçamento de tempo. Procure questionar seus pensamentos. Lembre-se, pesquisas mostram que pessoas intelectuais são mais susceptíveis aos vieses cognitivos;

Saber as suas suposições

> *"O que te coloca em problemas não é o que você não sabe; mas, o que você tem certeza, mas não é verdade"* Mark Twain

Suposições são as certezas que temos, e partimos delas para construir argumentações, e chegar a conclusões.

Todos nós fazemos suposições: a diferença é que alguns sabem disso outros não. Infelizmente, como comenta Daniel Kahneman, até mesmo pesquisadores podem ficar bitolados nessas suposições sem questionar. Ser pesquisador não nos torna imune a idiotices.

Abaixo segue um exemplo recente; de forma alguma único e raro.

Basicamente, comentei uma notícia da cura do HIV, alguns pacientes parecem ter se curado do HIV através de tratamentos. Isso é algo excepcional.

Se seguir as discussões (click na imagem), uma aparece abaixo, vai ver que muitos ataques vieram porque supuseram que eu estava defendendo teorias da conspiração: de que propositalmente, as empresas não divulgam a cura do câncer e do HIV. O que disse foi que investimentos muitas vezes são concentrados na direção mais lucrativa: manter os coquetéis. Não existe pesquisa sem dinheiro, e o dinheiro dita a direção; o que pode variar é o custo das pesquisas, mas minimamente, precisam pagar o salário do pesquisador a longo prazo.

As empresas farmacêuticas são conhecidas por práticas não muito interessante: como vender medicamente como novas descobertas, mas não são melhores do que os atuais. Ou seja, fizeram uma suposição da minha argumentação, e partiram para cima; esse padrão é bem comum, talvez até você consciente ou não pratica. Claro, não respondi; respondi somente uma vez até ver que realmente a pessoa parecia mal-intencionada. Caso esteja lendo esse livro, você é uma das poucas pessoas que procuram melhorar seu pensamento, lendo, pensando, e desafiando suas bases de pensamento, de certezas. É mais fácil ficar nos velhos padrões de pensamento! Velhos e errados. É mais certo, mais confortável ser sempre inteligente, e certo de tudo.

"O problema do mundo de hoje é que as pessoas inteligentes estão cheias de dúvidas, e as pessoas idiotas estão cheias de certezas"

Bertrand Russell.

Comparações erradas entre populações

"Quando for discutir com um idiota, certifique-se de que a outra pessoa não está fazendo o mesmo"

Abaixo segue mais um exemplo de discussão que participei online, no Twitter (lembrete, o Twitter, agora X, foi banido do Brasil). Claro, antes que também se junte à turma, e pode fazer isso clicando na imagem, eu consertei depois a afirmação, que foi espontânea. Nunca pensei que ganharia tanta atenção.

Jorge Guerra Pires, PhD
@JorgeGPires

Replying to @leandrokarnal and @VitorFadul

Não sabia que ele era gay. Gostaria de ver pelo menos um hetero inteligente, todos que gosto, em algum ponto, declaram ser gays!

Translate Tweet

6:15 PM · Jan 6, 2023 · **224.2K** Views

 View Tweet analytics

89 Retweets   **121** Quote Tweets   **3,499** Likes

O que notei, mesmo falando com pessoas em presença, é que muito não pensam da forma correta: estatisticamente falando, se temos duas populações com tamanhos diferentes, e queremos comparar, não podemos usar medidas sem tratamento estatístico.

Como exemplo, muitos usam exemplos de igrejas fazendo trabalhos comunitários, e construírem uma imagem errada de que precisamos de religião para ajudarmos as pessoas: não, podemos sim praticar o bem sem ter qualquer filiação religiosa.

Existem ONGs que trabalham sem religião, e ajudam pessoas no mundo todo como a Cruz Vermelha.

> Essas diferentes iniciativas ilustram o compromisso evangélico e a caridade ativa de Dunant. Muitos o consideram uma figura proeminente na história da ACM. No entanto, a sequência de eventos que levou à fundação da Cruz Vermelha não estava diretamente relacionada à religião. As convicções religiosas de Henry Dunant, fundador do CICV

Toda organização fundada em religião mais separa as pessoas do que une, mesmo que a curto prazo pratique o bem. A religião não consegue se separar da sua vontade de converter todos, inclusive, quem ela ajuda. Somente o fato de colocar símbolos da religião em pontos de ajuda é uma forma de criar memória associativa. Religião olhada do todo, é um mercado, com marca, propaganda, e tudo. Igrejas não diferem da Coca Cola.

É fato que as igrejas estão em todo canto, isso gera a ilusão de que é necessário igrejas para ajudar as pessoas. Igrejas entram onde o estado falha, contudo, ONGs também fazem. O fato de pessoas associarem bondade a cristãos quando entram na política ocorre devido ao número escasso de ateus na política. Isso é similar ao racismo. Estudos mostram que temos dificuldade, mesmo quando somos defensores dos direitos dos negros, de associar sucesso a pessoas negras.

Em um estudo, o tempo médio para associar imagens de pessoas negras a pessoas de sucesso era maior. Isso sugere que precisamos pensar (sistema 2) quando estamos tentando ser justos com os negros; nosso sistema 1 está impregnado com racismo, mesmo quando temos as melhores das intenções.

A solução é termos mais exemplos de pessoas negras de sucesso, e existem. Por isso movimentos como o bolsonarismo censuram livros de negros nas escolas, como "O Avesso da Pele" e "o Menino marrom". Nos Estados Unidos, cidades de maioria branca, retiram livros de negros das bibliotecas, negros que mudaram o mundo para melhor.

Isso porque o tamanho da população é bem diferente. Colocando de forma simples: existem muito mais heteros do que homos. Isso significa que se tentar encontrar uma pessoas inteligentes em digamos 90% da população, e comparar o mesmo com 10% da população, não seria uma comparação justa. É necessário aplicar técnicas estatísticas para garantir que você não vai ser viesado. Por isso quando calculamos o desvio padrão de uma amostra de uma população não podemos usar a mesma fórmula, ou quando fazemos cálculos estatísticos, precisamos usar a distribuição t em vez da normal.

Como exemplo alternativo. Queria ver se religiosos de um grupo votaram em maioria no candidato a vereador da minha região[175]. Então coletei quase 100 amostras de moradores e sua respectiva intenção de voto na eleição por vir. Também coletei a religião declarada, como a pessoa se identifica religiosamente.

---

[175] O voto evangélico vs. o voto católico: o que os dados nos dizem sobre religião e política em Antônio Pereira. https://bit.ly/3TzRLwb

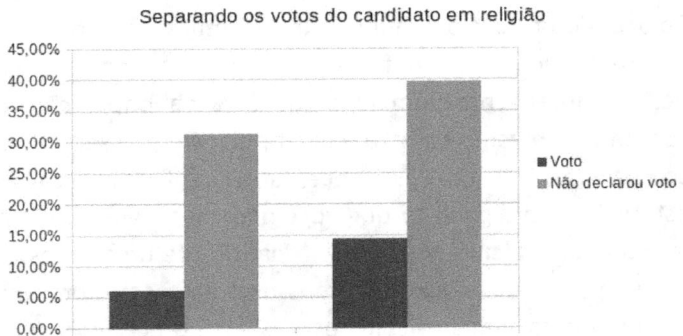

Jorge Guerra Pires, Ph.D. 2024. CC BY 4.0
Esta é uma enquete, não é uma pesquisa eleitoral

Se olhar a imagem, vai concluir que os católicos preferem o candidato. Nesse caso, isso é correto. Mas seria necessário mais estudos para termos mais segurança. Imagens podem enganar. Como o estudo tem margem de erro de 10 pontos, isso é bem alto, e essa diferença que vê pode ser insignificante estatisticamente.

Eu fiz mais estudos adicionais e provei que nesse caso, existe a diferença: os católicos preverem o vereador atual. Outro ponto que poderia enganar: os católicos são maioria na região. Apesar de que não foi o caso, isso poderia mascarar o resultado. Isso poderia aumentar o número de eleitores, mascarando a preferência.

Antes que se ache estúpido, segundo Daniel Kahneman, mesmo pessoas treinadas erram em estatística. Estatística, como eu mesmo aprendi da pior forma, não é algo que nosso cérebro se sente confortável. Por isso mesmo precisamos aprender o básico. Sugiro o livro "Como mentir com estatística".

Racionalizar não é pensar: quando a mente cria falácias para justificar uma realidade

Racionalizar é quando criamos justificativas para algo, mas o verdadeiro motivo fica encoberto, consciente ou não. Um olhar cuidadoso mostra a fraqueza do raciocínio.

> **Racionalização** em psicologia e lógica, é um mecanismo de defesa no qual comportamentos ou sentimentos controversos são justificados e explicados de uma maneira aparentemente racional ou lógica para evitar a verdadeira explicação e então conscientemente sendo considerado tolerável — ou mesmo admirável e superior — por meios plausíveis.[1] **É também uma falácia informal de raciocínio.**[2]

Muitos pensadores concordam que o comportamento de muitos eleitores radicais do Bolsonaro era dissonância cognitiva, que pode ser alimentada por racionalização; isso não é específico do bolsonarismo, qualquer forma de seguir um líder de forma cega gera esse tipo de comportamento na massa.

Nesse processo, a pessoa investe tanta energia em algo que aceitar o erro se torna custoso, caindo em outra armadilha da mente; alguns chamam isso de *pirâmide do erro*. Para manter as ações, a pessoa racionaliza, ou mesmo, minimiza. Em certo ponto, fica tão evidente que fica triste ver a pessoa "pensando".

Um exemplo. Conversava com um amigo (religioso), falei de um comportamento comum das pessoas: assumirem verdades absolutas. Dei um exemplo do meu supervisor do passado: ele assumia, e verbalizava, que todos alunos precisam ser checados, porque não levam a sério o trabalho. Eu sempre levei o meu, e nunca precisei de supervisão; mas sempre gostei de colaboração e ser tratado de igual a igual. Ele concordou com meu supervisor, e apresentou supostos pensamentos e reflexões. Ficou claro que era racionalização porque os argumentos eram fracos e serviam para defender o comportamento do meu supervisor; pode ter simpatizado com meu supervisor, com a figura de autoridade. Seria como fazer uma montagem de reportagem, esperando enganar alguém, colocando pedaços de jornal.

Um fenômeno similar ocorre quando estuda e ver a resposta do exercício: muitos criam a ilusão de que chegariam à mesma resposta, caso não visem a resposta. Fui estudante e monitor de física por anos: é incrível o quão as pessoas se enganam com isso. Quando percebi que eu mesmo era vulnerável, criei formas de não me enganar, mas nem todos conseguem vencer essas tentações e enganações da mente.

Formas de pensar científicas: busque a racionalidade nas palavras

Anteriormente, falamos das falhas mais comuns que no pensamento das pessoas, quando se expressam tentando se passar por racionais, por sensatas, até mesmo por cientistas.

Formas de pensar que nos tornam irracionais. Novamente, racional, para mim, é capacidade de falar de forma consistente, de forma que outras pessoas possam entender e replicar em diferentes cenários. Uma forma de pensar irracional não é replicável nem para a pessoa que usa, e sempre deixa pessoas que pensam com uma pulga atrás da orelha: "como essa pessoa somou 2+2=5".

Em uma palestra, que não consigo mais achar, a pessoa começa dizendo como dava alta a loucos de um hospício. Ele perguntava uma conta, e quem soubesse, e soubesse explicar o resultado, ele soltava. Uma pessoa conseguiu fazer a conta, quando ele perguntou, a resposta era louca. Os meios para chegar no resultado era insano, mas chegava. Então ele disse, esse eu soltei, era muito sensato! Claro, era uma brincadeira. No nosso caso, é o oposto. Não somente valorizamos o resultado, mas também a forma como chegou aos resultados. A forma como chegou não somente torna o resultado replicável, mas também entendível por outros que pertencem, digamos, a religiões diferentes, ou mesmo, pensa de forma diferente. Uma lógica que somente pessoas da mesma religião "entendem" não é racional. Fé não é ser racional.

A racionalidade deve ser onde nos encontramos, mesmo quando somos diferentes. Na Torre de Babel, as pessoas perderam a racionalidade na linguagem. Depois que vi o que o chatGPT consegue fazer somente modelando a linguagem, acho um excelente conto para mostrar que grande parte da racionalidade está na linguagem.

Emoções não é ser racional, uma vez que emoções oscilam, e quando contaminam o pensamento, tornam o pensamento igualmente oscilante. Uma conclusão temperada com emoções é uma conclusão perecível. Emoções foi a primeira falha do pensamento largamente reconhecida pela comunidade científica; agora, com Daniel Kahneman, também incluímos tendências e ruídos. Falamos das tendências durante o livro.

Pensamento estatístico

"Pensamento Estatístico vai ser um dia tão necessário para ser um cidadão eficiente tanto quanto a habilidade de escrever e ler" [tradução própria] - H. G. Wells

O pensamento estatístico não é racista, nem preconceituoso. É um método científico, neutro! É a melhor forma que temos de enxergar a realidade.

A história acima ocorreu comigo, quando falava com um amigo evangélico, que apesar não aceitar, ele é bolsonarista; algumas vezes até aceitou, mas agora está em cima do muro. Diferente do comportamento dos bolsonaristas, um bom pesquisador junta os pontos e faz uma curva! Não há necessidade de uma pessoa dizer que é ladrão, muito provavelmente não vai dizer, para ser. Somente colete evidências e junte os pontos!

O pensamento estatístico usa números, nesse caso, estatística. Você pode, e deve, perguntar como conseguiu as estatísticas, mas nunca atacar a estatística em si.

Ver livro "como mentir com estatística" de Darrell Huff. Eu fiz uma live no assunto: você sabe mentir com estatística?

Como ser o mais racional possível em uma conversa irracional?

A criptonita da pessoa racional é a irracionalidade. A irracionalidade pode ser resumida na falta de padrões e reprodutibilidade. Ou seja, não vai conseguir replicar os pensamentos de uma pessoa irracional, nem ela mesmo vai conseguir explicar. Grande parte da irracionalidade se explicar devido a fatores emotivos, o que oscila junto com as emoções. Lembre-se, outras fontes de irracionalidades são: tendências cognitivas, como ideologias e racismo, e ruídos, como variações do momento.

Não acho que haja uma receita, mas aqui vai algumas dicas em como gerenciar discussões irracionais. Eu mesmo luto contra isso, em não me envolver com pessoas claramente irracionais.

Alguns cuidados antes:

- Não use isso para classificar pessoas que pensam diferente. Disse Abraham Lincoln, tradução própria: eu não gosto daquela pessoa, preciso conhecê-la melhor. Pessoas que pensam de forma diferente, quando racionais, é uma excelente forma de afiar suas argumentações, melhorar seus pensamentos. Contudo, se a pessoa for irracional, isso vai somente piorar sua forma de pensar. A pessoa vai criticar somente pela crítica, sem nenhum embasamento, ou mesmo, adição para você melhorar sua argumentação;

Aqui vai as dicas:

- Assumindo que julgue valioso, converse com a pessoa várias vezes, antes de formar uma opinião. Isso vai ajudar a dissipar o fator emotivo, do momento;
- Considere a formação da pessoa;
- Não julgue pela educação formal, como disse Feynman: "Nunca confunda educação com inteligência: você pode ser um doutor e mesmo assim ser um idiota". Essa é uma lição difícil de engolir, mas valiosa;
- Procure manter a discussão em torno de referências, teorias e pesquisas. Faça sua parte, e evite insinuar que a pessoa é burra;
- Não use estratégias infantis como "leia esse livro de 1.000 páginas". Se nem você conseguiu aprender com o livro, não torture a outra pessoa!

No mais, crie as suas, e teste. Fique à vontade em me dizer quais são as suas! Contato: jorgeguerrapires@yahoo.com.br

Sistema 1 e sistema 2: *pense rápido e devagar! E seja racional!*

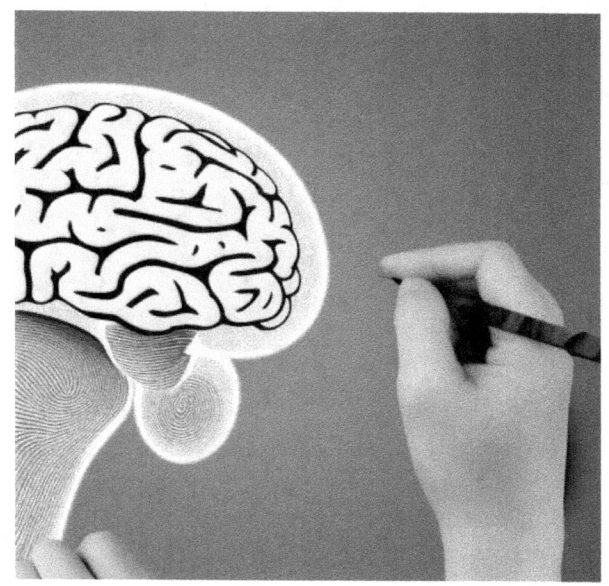

Daniel Kahneman, entre várias contribuições que o levou ao prêmio Nobel, temos o conceito de *sistema 1* e *sistema 2*. Claro, como ele mesmo ressalta no seu livro mais conhecido[176]: esse sistema não existe em um ponto específico do cérebro; anatomicamente, não existe. Não adianta tentar achar onde está cada sistema, e propositalmente aumentar um e diminuir o outro para tentar ser mais racional.

---

[176] Rápido e devagar: Duas formas de pensar por Daniel Kahneman

Entre religiosos, existe uma confusão com a intuição[177]. Por ele ser automática, e sem explicação direta, alguns dizem que é Deus.

Religiosos têm essa rotina de enfiar Deus onde não conseguimos explicar de forma clara. Ainda não entendo como ainda não enfiaram Deus na mecânica quântica.

Schrödinger divino: uma disciplina esquecida

Ciência para não cientistas: como ser mais racional em um mundo cada vez mais irracional

Como Daniel Kahneman destaca em seu livro, até seu trabalho, pensava-se que emoção era a única explicação para a irracionalidade das pessoas. Ele trouxe no seu livro as tendências cognitivas, e mais recentemente, trouxe o que ele chamou de "ruídos" (*noise*). Falamos disso em Introdução à pesquisa científica no contexto da pesquisa, contudo, o importante é lembrar que tendências são sistemáticas, como ideologias; de forma oposta, ruídos são devido à nossa *ignorância objetiva*, termos que ele mesmo usa, além de outros fatores. Uma se consegue "ver" em um grupo, outra não claramente.

---

[177]Intuição, Fé, e a falácia da ignorância: Explorando as Fronteiras do Conhecimento. https://bit.ly/3B9oOkB

Quando juízes condenam negros na maioria, isso seria tendência cognitiva; quando juízes variam em sentenças similares sem uma causa comum, isso seria ruído. Se pensar em um alvo central, tendência sistematicamente saem do alvo central; ao passo que ruídos não mostram uma tendência clara em escapar do alvo.

Como defendo em um dos meus livros "Introdução à pesquisa científica": um bom pesquisador deve treinar o sistema 2, e esse livro serve esse propósito. Eu acredito que podemos treinar os dois, apesar do sistema 1 ser rápido, acredito que ele nasce de hábitos repetitivos. Como eu vejo, ideologias vivem no sistema 1, como racismos, e outras formas rápidas de pensar. Essa forma de pensar é parcialmente apoiada pelo livro do Daniel Kahneman, quando ele destaca que a intuição de especialistas podem ser afiadas com o tempo, sendo a mesma "intuição" de crianças ao identificar um animal. Intuições é reconhecimento de padrões, como ele destaca.

Vamos falar mais disso, contudo, recentemente, o chatGPT ganhou atenção, uma inteligência artificial com habilidades de fala, de linguagem. Eu mesmo tenho testado ele e refletido sobre seu lugar em entender o cérebro humano; tenho pensado muito nessa teoria do Kahneman. Em uma live[178], um conhecido meu destacou o lugar de um desafio que humanos geralmente eram, mas o chat não errou.

Esse desafio exige ao meu ver não somente usar o sistema 2, mas também questionar definições, pensamento enraizados. Eu tentei um mais simples, que chamo de "o problema da minhoca". Humanos geralmente erram, acredito, devido ao sistema 1; similar resultados foram

---
[178] https://www.youtube.com/watch?v=8a5oA1X7bWY&t=18s

relatados por Kahneman. O chat também errou. Isso mostra que o chat não superou a questão do sistema 1-2. Contudo, não pulemos para conclusões. Um problema similar o chat não caiu: a cor do cavalo branco de Napoleão. O que consigo concluir: essa questão de errar devido ao sistema 1, como destaca Kahneman, desaparece quando falamos de máquinas pensando. Emoções, tradicionalmente vistas como a fonte de irracionalidade, também desaparece.

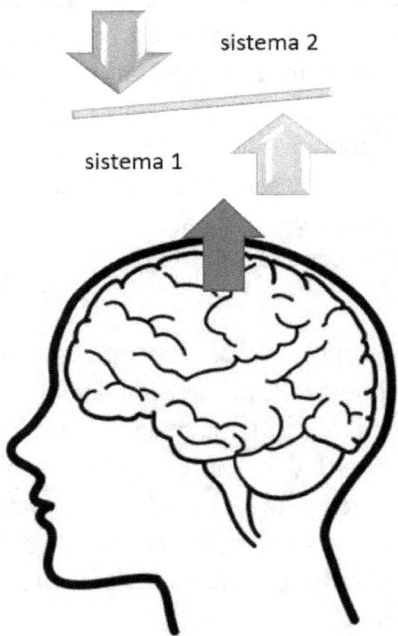

Figura 4. Sistema 1 e sistema 2, duas formas de pensar.

Resumidamente: sempre que pensamos de forma rápida, geralmente estamos usando o sistema 1, quando "pensamos", gastamos energia em algo, esse é o sistema 2.

Isso não tem nada a ver com burrice, como muitos podem concluir quando ver alguém fazendo besteira, especialmente, alguém geralmente inteligente. Isso é mais um defeito do cérebro, um defeito de fabricação, como ansiedade, que precisamos viver com ele. Muito provavelmente, esse defeito serviu algum propósito durante a evolução das espécies. Ou seja, já foi uma qualidade do cérebro humano quando erávamos homens das cavernas.

A situação é tão interessante que se mostrou que mesmo estudantes de universidades de elite cometem erros grotescos quando usam o sistema 1; nesse caso, devido ao excesso de confiança na facilidade do problema. Isso parece gerar um "desligamento", ou talvez nem ativação, do sistema 2, que seria a parte "pensante" do cérebro.

Como exemplos: corrupção e mentiras, esses dois tópicos sempre geraram revolta nas pessoas. Contudo, curiosamente, Bolsonaro ganhou carta branca.

Da parte da mentira, já falamos no livro. Agora, a parte da corrupção, achei interessante o artigo "CORRUPÇÃO DE JAIR BOLSONARO NÃO AFETA SUA VOTAÇÃO PORQUE NÃO CAUSA RESSENTIMENTO NO ELEITOR".

Mesmo antes de ler, já havia notado padrão parecido, por isso achei o artigo interessante. Notava que as pessoas tendem a minimizar, banalizar, como exemplo as "rachadinhas"; lembre-se que Hannah Arendt disse que "o mal"[179] vem da banalização de certos atos contra as outras pessoas.

O caso das joias foi interessante. Em vez de reconhecerem finalmente que não havia mais como defender a honestidade dele, começaram a espalhar que Lula também havia usurpado joias: relativização e minimização dos fatos. Existem dois problemas com isso.

Primeiro, que era *fake news*. Lembre-se, *fake news* é mais do que simplesmente mentira pura. Nesse caso, é tirar eventos de contextos para comparar dois eventos diferentes. Criar a falsa ideia de que dois eventos são as mesmas coisas, por isso, comparáveis. Nos tempos do Lula, a legislação não existia, a lei foi criada depois do Lula. Antes do Lula, o presidente poderia decidir ele mesmo o que era acervo da união, e o que era pessoal.

Essa seria a falácia *Whataboutismo*[180]. Vamos voltar em falácias no vol. III.

O *whataboutismo* é uma falácia lógica que desvia a atenção de uma acusação ou pergunta ao responder com uma acusação não relacionada, criando *uma falsa equivalência moral*.

Em vez de abordar o argumento original, a pessoa responde com "E quanto a...?" "E o Lula éh????" para desviar o foco. Por exemplo, ao ser acusado de uma

---
[179] Isso foi concluído ao ver o julgamento de uma pessoa do nazismo, que é visto como o ponto mais alto da crueldade humana. Se sabemos o que é mal em termo de passado, como podemos enxergar em termos de presente? Talvez evitar tragédias futuras?! Para isso, precisamos ir além dos conceitos "pessoas de bem", ou algo parecido.
[180] Lógica: 7 falácias que ajudam a detectar argumento infundado numa discussão - BBC News Brasil. https://bbc.in/47wANEK

violação de direitos humanos, alguém pode responder mencionando uma falha não relacionada do acusador, desviando a discussão do ponto principal.

Atheist teacher: Shut up and be a blind believer of atheism, evolution is a fact because I said so !

Isso ocorre também quando tenta falar com religiosos, que acusam a teoria da evolução de ser empurrada goela abaixo dos alunos.

Alguns dizem, e vi em um debate do Richard Dawkins com uma religiosa, que os cientistas deveriam considerar o criacionismo como uma alternativa para a evolução, de considerar como equivalentes, não são. Estamos falando de uma teoria largamente estudada e fundamentada, e de uma teoria que a única prova é um livro, que *per si* precisa de provas, de evidências da sua veracidade, da sua confiabilidade.

A Bíblia é erroneamente usada como evidências. Contudo, a Bíblia per si já é um abacaxi. Não conseguimos mostrar nada da Bíblia, nem mesmo quando Jesus nasceu e se nasceu. Não sabemos nada da sua infância, ele teve ter brotado.

Isso não é evidência de nada, é a afirmação que precisa de evidências.

Todas as teorias são empurradas goela abaixo. Isso ocorre em parte porque precisamos de tempo para termos maturidade para questionar teorias, primeiro precisamos aprender para depois questionar. O cristão claramente ataca sem entender. O ateu mostra mais interesse em entender a Bíblia do que o cristão de entender a ciência, ou mesmo, seu próprio livro.

"Compre uma Bíblia, e nunca leia, seja um católico;
Compre, leia somente partes, seja um evangélico;
Leia de cabo a rabo, seja um ateu."

— Jorge Guerra Pires

Segundo, realmente, nosso sistema educacional falha nisso, em abrir espaço para questionamentos. Muitos professores são sobrecarregados para considerar necessidade individuais dos alunos. De qualquer forma, quando que religião aceita questionamentos? Historicamente, eles mataram somente porque pessoas questionavam.

Óbvio que seria melhor ter um presidente 100% ético, que não levaria nada da união, nem mesmo quando a legislação deixasse. Óbvio, isso não existe: isso é uma cromatização do político ideal, que não existe. O que notei é que as pessoas exigem perfeição do Lula, mas estão dispostas a fazerem vista grossa com o Bolsonaro. A pessoa faz todo um *show* de Lula Ladrão, e depois vota no Bolsonaro, duas vezes! Conheço vários exemplos próximos.

Bolsonaro tratou todos os presentes como acervo pessoal. No caso do Lula, depois de pedido da justiça, Lula não somente devolveu como também pagou o restante faltante[181]. Grande parte dos presentes do Lula, nos supostos contêineres que tanto citavam[182], eram coisas pequenas, de baixo valor. A lei fala que presentes de pequeno valor, não contam, e podem ser levados pelo presidente. Essa lei foi criada depois do Lula, quando Bolsonaro já era presidente.

---

[181] Lula devolveu 559 presentes incorporados a acervo pessoal e pagou por itens desaparecidos. https://bit.ly/4ee1CRb.
[182] Lula levou presentes em contêineres de forma legal após segundo mandato. https://www.estadao.com.br/estadao-verifica/acervo-presidencial-levado-lula-enganoso/

Mesmo hoje, quando fala com um antipetista, a pessoa fica nervosa quando fala que Lula nunca levou joias. A pessoa quer que que quer que você condene o Lula, qualquer defesa do Lula é vista com apoio à corrupção, e a pessoa fica agitada. Eu não defendo o Lula, eu defendo os fatos. Acredite se quiser. Que sua ignorância fique você, obrigado, não vou querer.

Lula devolveu a pedido da justiça os que eram para devolver. A pessoa vai empurrando a argumentação quando vou apresentando fatos. Se falo que Lula devolveu, a pessoa fala que nunca deveria ter levado. Se falo que os presentes eram de pequeno valor, soltam outra *fake news*. Como pode levar tempo para checar *fake news*, a pessoa sai ganhando a argumentação. Nenhuma pessoa tem de cabeças todos os fatos, por isso, precisamos sempre pesquisar, aprender.

O objetivo é nunca aceitar que Lula foi sim vítima de *fake news*, e que Bolsonaro não é uma pessoa honesta, nem mesmo íntegro.

O mais curioso: sai de uma discussão genérica, para algo pessoal. Dizer que o Bolsonaro é corrupto se torna o mesmo que dizer que a pessoa é corrupta. Claro, isso não faz nenhum sentido racional.

Normalmente, somente uma gota de suspeita, e nesse caso existe um rio inteiro, seria o suficiente para gerar revolta. Mas nesse caso, não gera. Sempre que surgia uma denúncia, como a do Sérgio Moro, ou da reunião ministerial, pensava-se os especialistas: o governo acabou. Mas... isso reforçava o governo. Acredito que mesmo Bolsonaro ficou surpreso: no caso da reunião ministerial, ele tentou impedir a publicação, talvez com medo dos impactos negativos, que não ocorreu. Isso parece ter reforçado ainda mais o governo. Eu mesmo fiquei abismado: nesse ponto eu já acompanhava política.

Estava falando com um apoiador do Bolsonaro, mencionei o caso das baleias. Eles acham normal uma pessoa importunar uma baleia, por se uma baleia. A lei existia antes do Bolsonaro. Qualquer pessoa que pegasse um *Jet Ski* e importunasse uma baleia seria presa. A lei vale também para o presidente. O presidente não é um nomarca.

No memorial da Justiça, o memorial lembra que a justiça precisa ser cega. Algo similar ocorre no meio científico, como no caso de revisões por pares e cega. A cegueira ajuda a não perseguir, a julgar pessoas de forma igual, sem discriminação ou personalização. No caso do meio científico, procura eliminar favoritismo, em especial de pesquisadores renomados. O que notei: muitas pessoas "julgam a justiça" sem ler porque a regra existe; muitos se comportam como advogados formados em leis públicas, com doutorado na *Harvard*. Como exemplo, a regra que anulou algumas das condenações de Lula foi criada exatamente para proteger o sistema; abrir exceção, tornaria o sistema um sistema de exceções, não cego. Não podemos comprometer a integridade da justiça. Olhe a delicadeza do caso: https://youtu.be/rAm_JT2zg8o?t=323. A regra foi criada para garantir a cegueira da justiça, evitar que processos sejam direcionados a um juiz específico. Regras precisam ser genéricas, e deixar pouca margem para contaminação humana. Eu acho que as pessoas deveriam ser mais humildes, e deixar a justiça funcionar.

É como se as pessoas dissessem: ele é uma pessoa do bem, por isso pode roubar, está fazendo o melhor para todos, seu caráter foi selado por Deus. Uma vez confrontei uma pessoa que comentou minha postagem sobre corrupção no Facebook, que conheço pessoalmente. Na verdade, não era diretamente sobre o Lula, era sobre corrupção em geral. Ele comentou colocando o Lula no meio. Quando o confrontei dos pastores e as barras de ouro, ele disse: o dinheiro teria indo para um lugar pior, algo do tipo. Ele basicamente justificou dizendo que existe corrupção do bem, justificável, e que o pastor sabe qual é boa e qual é ruim. Corrupção é corrupção, seja o pastor, seja o ateu, seja o político que gosta ou não gosta.

Como foi o caso do julgamento do Lula, uma justiça perseguidora nesse caso é válida, por que é o Lula, o "Lula ladrão"; no caso do Bolsonaro se reverte a lógica, mesmo com fortes evidências, isso seria perseguição: tenho chamado isso de *sistema de dois pesos*. Vamos atacar o STF, coração da democracia, e vamos perseguir os ministros. Foda-se o que pensam os outros.

Atualmente, os bolsonaristas estão defendendo Elon Musk, um gringo, por causa de uma rede social do ódio. Com tantos problemas no país, eles concentram fogo em uma rede social, onde eles destilam ódio em todos que se opõem aos seus seguidores e simpatizantes. Estão dispostos a venderam a soberania nacional, para que um gringo reine no país, sem respeitar regras do nosso país. Isso seria supostamente um patriota.

Sabemos como a massa pensa: reativa e punidora; se pensamos em um cérebro coletivo, isso seria somente o sistema 1, que nunca pondera e pensa racionalmente. Em um caso, uma criança estuprada foi quase agredida pela massa contra o aborto, que ela fez[183]. Nos Estados Unidos, um religioso foi preso por matar o médico que realizou aborto de uma jovem. Um outro que foi preso por outro

---

[183] Criança de 11 anos que foi estuprada em SC consegue fazer aborto legal, diz MPF. https://www.andes.org.br/conteudos/noticia/crianca-de-11-anos-que-foi-estuprada-em-sC-consegue-fazer-aborto-legal-diz-mPF1 . As tentativas de agressões por grupos religiosos apareceram no Jornal da Cultura. Ficaram na frente do hospital, se entendi bem, e tentaram agredir a criança. Isso seria o fundamentalismo religiosos e seus tentáculos.

motivo, mas solto, defendeu ele em uma conversa com Richard Dawkins.

Cidadão de bem
Cristão conservador

Uma justiça que se curva à massa não é justiça, é barbárie.

Quando a massa vira justiça, isso se chama *linchamento*. E vimos um montão depois das eleições, e eram muitos: todos se dizem pessoas "do bem", com a bandeira do Brasil nas costas. Em um caso que circulou no Twitter, um grupo bolsonarista empurrava um carro pequeno para bater na árvore, usando um carro maior. Depois jogaram pedras, depois tentaram arrancar a porta do carro, no braço mesmo. Sempre com a bandeira do Brasil nas costas. Esses casos, como vítimas, incluíram crianças, e muitos estudantes. Se não acredita em mim, caso seja bolsonarista, sugiro fazer uma pesquisa no Twitter, YouTube e Facebook.

Quando era criança, lembro na televisão de inúmeros casos de policiais torturando pessoas (civis), nas ruas; não era a ditadura, nasci depois. Desde então, parece-me que superamos isso. Mas...voltamos novamente à estaca zero quando esse governo insistiu e conseguiu tirar a responsabilidade de oficiais, afinal de conta, policiais nunca erram, e bandido tem que morrer, sem direitos humanos. Eles sabem com certeza quem é bandido, sem sombra de dúvidas. "Policiais acusados de matar homem em 'câmara de gás' são denunciados por tortura de jovens"[184]. Como o bolsonarismo funciona na frequência do juízo de valor, vão dizer "é ladrão". Em questionamento, a polícia baniana, uma das mais violentas do Brasil, disse: se morreu, é porque é bandido.

No caso deles, vivemos em um governo de exceções, não estado de direito. A narrativa mais comum era "o STF não deixa ele governar": essa narrativa confirma o estado de exceção criado somente para Bolsonaro. Ministro Barroso respondeu ao Roda Vida de forma genial essa besteira[185]. Como o ministrou explicou, as pessoas não sabem dar um exemplo do que seria "não deixar governar". Estão meramente repetido algo, o *efeito papagaio*.

Você pode discordar do STF, mas ele é o juiz da partida, como em um jogo de futebol, pode cometer erros, mas ele está fazendo seu trabalho: manter o estado de direito,

---

[184] https://noticias.r7.com/cidades/policiais-acusados-de-matar-homem-em-camara-de-gas-sao-denunciados-por-tortura-de-jovens-26102022
[185] https://youtube.com/shorts/M9NNp3TFF2s?si=2nVVW_wkH0uqKWaX

não de exceção, assegurar que a constituição de 1988 seja respeitada; diferente de Bolsonaro, o STF está dentro da lei, dentro do que foi acordado há mais de 30 anos, depois de um período militar, e muito sofrimento da população civil. Usando termo do professor Villa: Bolsonaro é um marginal (aquele que opera fora da lei).

Quando se pisa nesse livro, a constituição de 1988, assinado inclusive por índios e negros, o STF precisa agir; esse livro visa garantir que nenhum grupo, isso inclui bolsonaristas, vão pisar na minoria, nesse caso LGBTIQA+, negros, mulheres ... e eu, que sou apateísta e agnóstico; não há necessidade de estado, se o estado favorece a maioria, o mais forte. Isso seria, no melhor cenário, tirando a barbárie, oligarquia, não democracia.

Lembre-se, o STF não age por vontade, somente julga casos iniciados por outros poderes, ou mesmo pessoas civis; é o juiz da partida de futebol que se chama democracia, se dá uma canelada, o STF precisa dar um cartão vermelho. Sim, você pode acusar o STF de "judicialismo", mas isso é um problema para se resolver como projeto de país, não de revoltas violentas e agredir membros do STF, como aconteceu com a ministra Carmen Lúcia, ou no caso do ministro Barroso, que teve de deixar a sua casa por medidas de segurança; para não mencionar Alexandre de Morais, que se tornou inimigo da população por fazer seu trabalho bem[186].

Parece-me que essa forma de ver o cérebro é uma *propriedade emergente* da forma como o cérebro funciona.

Basicamente, as seções do cérebro podem ser divididas em primitivas e não-primitivas[187].

As primitivas se formaram primeiro durante o processo evolucionário e incluem regiões como o cerebelo e a amígdala cerebral.

O processo evolucionário do cérebro humano é fascinante e complexo. As regiões cerebrais primitivas, como o cerebelo e a amígdala, são fundamentais para funções básicas de sobrevivência e comportamento. O cerebelo, por exemplo, é crucial para a coordenação motora e equilíbrio, enquanto a amígdala desempenha um papel chave na resposta emocional e na memória associativa.

Essas estruturas se desenvolveram cedo na evolução, servindo como base para o desenvolvimento posterior de regiões cerebrais mais complexas, que permitem funções cognitivas avançadas. A evolução do cérebro humano é um testemunho da incrível capacidade adaptativa das espécies ao longo de milhões de anos.

---

[186] Alexandre de Morais é premiado por trabalho exemplar: https://twitter.com/JorgeGPires/status/1590380417202688003
[187] Note que essa forma de pensar é minha, não é nada oficial. Estou tentando ser didático.

A amígdala é uma parte curiosa. Funciona como uma seção inicial do cérebro. Como exemplo, o "sequestro da amígdala" é quando estamos em situação de extremo estresse, e perdemos o controle da racionalidade. Ficamos primitivos: correr ou lutar. Sobrevivência se torna a única forma, isso ocorre mesmo quando não temos nenhuma ameaça real à nossa vida. Um exemplo é uma discussão quente, ou o chefe falar de forma ameaçadora. No passado, uma discussão poderia significar ameaça à vida, nos tempos modernos, muitas discussão não são ameaças à vida. Nem mesmo uma ameaça direta, que devemos levar a sério, seria uma ameaça real.

Essas regiões estão associadas a tarefas bem simples, relacionadas à sobrevivência, seria um mecanismo de sobrevivência. Esses sistemas seriam uma propriedade emergente, ao meu ver, desses sistemas se comunicando; não há como, ao meu ver, separar as regiões para digamos criar um super-humano. Como exemplo, temos medo, isso seria bem primitivo, geralmente da amígdala cerebral, mas podemos usar pensamentos para negar esse medo, isso seria o lobo frontal. No final, acabamos não tendo medo, ou tendo, caso o medo for digamos um trauma.

Pessoas do exército fazem treinamentos para não permitir que essa parte primitiva do cérebro tome controle. Como exemplo, em um exercício, dentro da água, a pessoa precisa evitar que outra pessoa corte sua mangueira de ar. Isso serve para ensinar o cérebro que "estou sob controle", apesar da situação que oferece ameaça à vida.

A terapia cognitiva comportamental (TCC), como exemplo, se baseia em essência nesse princípio. O paciente é instruído a rebater esses pensamentos, que chamam de *automático*. Na meditação, orienta-se o praticante a deixar os pensamentos virem e irem, sem julgamentos, sem nos apegarmos a eles.

Por que pessoas inteligentes fazem coisas tão estúpidas?[188]

Para mim, essa questão é interessante porque não acredito, por mais sedutor que seja, que o bolsonarismo, ou outros movimentos reacionários, sejam questão de educação formal. Como gosto de brincar, existem idiotas com diploma, e sem diploma. Existe um esforço nas redes sociais em associar bolsonarismo a pobre, e pessoas com baixa escolaridade. Isso é errado, joga o bolsonarismo em pessoas pobres com baixa escolaridade, que são as vítimas no final.

Apesar de vários motivos, um desses poderia ser colocado na conta do sistema 1, sendo usado quando deveríamos usar o 2. Ou seja, "pensar", ponderar. Deixarmos de sermos arrogantes e excessivamente confiantes. Quando aceitamos a corrupção do Bolsonaro, como normal, isso

---

[188] Por que pessoas inteligentes podem ser tão estúpidas: valendo-se do método hipotético indutivo. https://www.jovempesquisador.com/post/por-que-pessoas-inteligentes-podem-ser-t%C3%A3o-est%C3%BApidas-valendo-se-do-m%C3%A9todo-hipot%C3%A9tico-indutivo

seria um desligamento de regiões do cérebro como indignação, geralmente ativo pelo ódio, pela raiva. A escola de Aristóteles acreditava no uso da raiva para mudanças sociais, apesar dos estoicos não concordarem.

Alguns gostam de associar a ideia de "preguiçoso" ao sistema 2. O sistema 1 pode ser visto como uma pessoa reativa: sempre com a resposta na ponta da língua, nunca pondera o que fala. Alguma semelhança com nosso ex-presidente? E seus seguidores?

Vou dar um exemplo que ouvi pela primeira vez quando jovem, que me parece o sistema 1 em ação, mas quando usamos o sistema 2, isso fica evidente.

Caso 1: *qual a cor do cavalo branco de Napoleão?*

Alguns minutos para pensar!

Qual a cor?

Se disse branco, provavelmente estava em alerta quando disse que ia fazer! Geralmente, em um contexto informal, muitos erram. Outros param para pensar quando iam quase responder: talvez esses já tenha treinado o sistema 2. Devem se perguntar: "como assim?" "O cavalo é branco!? "

O chatGPT não erra isso, uma inteligência artificial que tem chamado a atenção devido ao seu poder em falar de forma natural. Ver meu outro livro "[Redes Neurais em termos simples]", adicionei no final da obra uma entrevista comentada com o chatGPT.

Um caso mais interessante. Esse o chatGPT errou, dando a mesma resposta que as pessoas geralmente dão.

Uma minhoca cai em um buraco. A cada dia, ela sobe 4 metros e cai 3. O buraco tem 10 metros. Quanto tempo demora para subir o buraco todo?

Pensa um pouco!

Dez dias??

Na verdade: sete dias! Tente pensar o porquê!

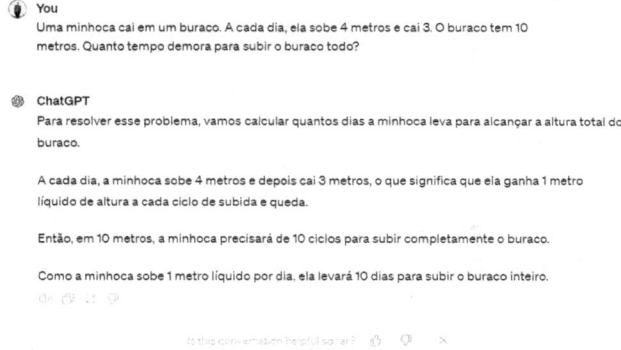

Tentei novamente no dia 20/09/2024, fez o raciocínio correto, mas errou mesmo assim:

> A minhoca sobe 4 metros durante o dia, mas cai 3 metros à noite. A cada dia, o avanço líquido dela é de $4 - 3 = 1$ metro.
>
> No final do primeiro dia, a minhoca terá subido 4 metros, mas à noite, cairá para 1 metro. No segundo dia, subirá mais 4 metros (até 5 metros) e cairá de volta para 2 metros, e assim sucessivamente.
>
> Contudo, no terceiro dia, quando a minhoca subir 4 metros a partir dos 6 metros (que estava ao final do segundo dia), ela chegará ao topo, atingindo 10 metros. Nesse ponto, ela não cairá mais, pois já saiu do buraco.
>
> Portanto, a minhoca demora 3 dias para sair do buraco.

Testei na versão mais recente, GPT 4, não disponível ao público de graça:

> Vamos calcular o tempo que a minhoca levará para sair do buraco usando a lógica do problema. A cada dia, a

minhoca sobe 4 metros e desce 3 metros, então, efetivamente, ela progride 1 metro por dia.

No entanto, no último dia, a minhoca não descerá porque, ao atingir ou ultrapassar o topo do buraco, ela sairá dele.

Vamos detalhar os cálculos:

No primeiro dia, a minhoca sobe 4 metros e desce 3 metros, ficando a 1 metro do ponto inicial.

No segundo dia, ela sobe mais 4 metros (chegando a 5 metros) e desce 3 metros, ficando a 2 metros.

No terceiro dia, ela sobe mais 4 metros (chegando a 6 metros) e desce 3 metros, ficando a 3 metros.

E assim por diante. Então, no final do 6º dia, a minhoca terá progredido 6 metros ao reduzir os movimentos para:

Ao fim do 6º dia, a minhoca estará a 6 metros de altura no buraco.

No início do 7º dia, ela sobe novamente 4 metros, totalizando 10 metros, e sai do buraco sem precisar descer.

Portanto, a minhoca levará 7 dias para sair do buraco.

Testei no Gemini simples, também errou. Não tenho acesso ao Gemini avançado.

Isso sugere que a IA pode ser usada para mitigar a irracionalidade humana.

Geralmente, as pessoas erram essa também. Esse é mais bem elaborado. A cada dia sobe 4 e cai 3: isso nos leva um metro por dia. No sétimo dia, ela sobe 4, ela não vai cair de novo! A não ser que seja uma "minhoca chaves"! Geralmente, uso essa piada para mostrar que matemática pura não funciona nas ciências da vida, não sem considerar nuanças dos sistemas biológicos.

Isso ocorre porque o sistema 1 é rápido, mas preguiçoso, "não pensa". Parece-me que o sistema 1 é composto de tendências cognitivas, entre outros fatores como excesso de confiança. Geralmente, é vulnerável à arrogância à falta de atenção. Penso também que é vulnerável à emoção.

> "aquela velha opinião formada sobre tudo" Raul Seixas

Vá à rua e pergunte qualquer coisa à primeira pessoa que encontrar, todos tem uma opinião sobre tudo na ponta da língua, e acreditam que a opinião não somente é genuína, original, como é verdade, ou próximo da verdade. Isso vai desde assuntos como política, ciência, tratamentos médicos, como se curar de dor de cabeça e ressaca, câncer, como investir seu dinheiro de forma eficiente e mais. Isso é o sistema 1 em ação. O sistema 1 cria a ilusão de conhecimento e certeza.

Pior, e tenho visto isso com frequência e em primeira mão: se falar que vai chegar informação dada, e que precisa de tempo para verificar, ou que verificou, ou que tem uma fonte que diz outra coisa, a pessoa se ofende. As pessoas parecem ter alergia a pessoas como eu que não acredita na primeira coisa que houve, sem checar. Em um mundo ideal, quando mostramos um lado oposto, ou uma fonte mais confiável que desafia nossas visões, isso deveria ser o início de uma conversa, mas na nossa sociedade, isso ofende. Ofende quando alguém se preocupa com os fatos, com fontes confiáveis, ou que diz que tem formação acadêmica para falar de algo com autoridade.

Antes que concluamos que o chatGPT é limitado, outro problema ainda mais complexo, ele acertou: dois gêmeos nascem no mesmo dia?[189] Eu mesmo errei essa, pessoas em geral erram.

Ao tentar replicar o problema dos gêmeos, agora ele errou.

> You
> Se eu nasci no dia 2 de março, quando nasceu meu irmão gêmeo?
>
> ChatGPT
> Se você nasceu no dia 2 de março e é gêmeo, então seu irmão gêmeo também nasceu no mesmo dia, 2 de março. Gêmeos compartilham a mesma data de nascimento.

Como exemplo, eu sinto que em grupos de Facebook, geralmente, o sistema 1 fica sempre ativo: é um tribunal de verdades absolutas, quase todos tem razão. É incrível a

[189] https://www.youtube.com/watch?v=8a5oA1X7bWY

quantidade de pessoas ou defendendo ideias mortas, ou insistindo com narrativas largamente disseminadas, e erradas. Vamos falar mais disso em "<u>Os cabeças de vento</u>".

Vale nota que o bolsonarismo nasceu das redes, em um momento onde Bolsonaro tinha pouco tempo de televisão. Também, seu governo foi pautado pelas redes. Sempre que faziam uma proposta técnica, e as redes reagiam mal, Bolsonaro passava por cima dos seus ministros, aparentemente, sem conversar em privado. Parecia uma bagunça governamental.

Recentemente, o Lula tem se empenhado em usar as redes sociais, inclusive, fazendo lives e no Tik Tok. Contudo, não tem funcionado como funciona para Bolsonaro. Por quê? Isso ocorre porque Bolsonaro misturou redes sociais com ódio, discurso de ódio. Por mais que qualquer discurso funciona nas redes, o discurso de ódio ganha maior engajamento. Ou seja, foi um alinhamento de um discurso que Bolsonaro sempre fez, desde jovem como parlamentar, com uma rede nova, que valorizar esse tipo de discurso.

Outro campo onde o sistema 1 prevalece seria na política. Neste ano de 2022, temos um dos períodos mais polarizados da história (90% dos votos se concentraram em dois candidatos, e a polarização começou antes mesmo das eleições)! Isso se deve, em parte, devido ao aumento significativo de pessoas interessadas em política, como eu mesmo. Mas, infelizmente, isso não foi acompanhado de interesse intelectual, de pesquisar, de estudar.

A política, similar às redes sociais, é um campo onde as emoções prevalecem. O discurso bolsonarista é vago, sem soluções, é meramente criado para aumentar o volume das emoções das pessoas. Eles usam discursos vagos. Como exemplo, se digo que "a população está cansada da velha política", isso não diz nada apesar de ser verdade, nem diz que a pessoa que fala seria nova política, contudo as pessoas passam a associar a pessoa que falou como a solução em simplesmente apontar, sem apontar a solução.

Bolsonaro esteve no parlamento por 30 anos antes de se candidatar, ele é a velha política, a parte mais podre. Conduto, como fatos não contam, isso faz a pessoa associar ele à solução, que ele nunca apresenta. Um pastor candidato ao conselho tutelar, atualmente dominado por igrejas evangélicas, disse algo do tipo: "o que está ocorrendo nas escolas...", mas ele nunca menciona o quê esta acontecendo nas escolas. Um candidato a prefeito da minha região, pastor e aliado ao PL, não disse nada com nada no debate entre os candidatos, nem consegui checar suas falas, os fatos, são falas vagas sem qualquer conteúdo prático.

Os políticos evoluíram, usando inteligência artificial, os eleitores continuam os mesmos: cérebros de galinha! É possível que os políticos[190], como Bolsonaro e Trump, não sejam tão burros quanto parecem: estão apenas adaptando a linguagem aos eleitores. Eu tenho essa impressão que as pessoas não votam em pessoas mais inteligentes, que elas percebam que seja mais inteligente. Muitos eleitores do Bolsonaro que conheço usava seu lado tosco como bandeira, por "ser um homem simples". Ou seja, a inteligência alheia ameaça.

---

[190] Baseado em reflexões de
https://super.abril.com.br/especiais/a-era-da-burrice/

Apesar de ser bem mais fácil pesquisar os candidatos, comparado com o passado, ainda assim as pessoas não parecem pesquisar; eu fiquei muito feliz com a facilidade de pesquisar candidatos, comparado com o passado. Quando pesquisam, se é que posso chamar de pesquisa, usam o que alguns chamam de "alimentação de informação" (*information feeding*): basicamente, algoritmos como no Facebook decidem o que a pessoa vai ver, caindo em um mar de tendência de confirmação, popularmente conhecido como "bolhas"; algoritmos para otimizar engajamentos, somente mostram discursos de ódio, que estão longe da verdade, mas soam como verdade, cheira como verdade, então deve ser verdade.

Vamos voltar nisso no vol. II, mas estudos recentes mostraram que os brasileiros estão entre os piores em separarem digamos memes da verdade. Os brasileiros têm uma dificuldade enorme sem separar *fakes* de fatos. O humor é o que mais engana os brasileiros, como verdade.

Sem um esforço genuíno de ler informações contraditórias, entro em uma negação imortal. Nessa realidade paralela, somente existem verdades que eu sei, que eu concordo. Novamente, não pense que seu diploma seja vacina.

Sugestão de leitura. Inteligência Artificial e Democracia: Ensaios, pensamentos, e percepção no uso da inteligência artificial para manipulação em massa

Não há nada de errado em se interessar por política, somente a celebrar! O problema é que as pessoas geralmente se interessam de forma rasa, sem procurar se informar. Isso me levou a me perguntar:

Por que as pessoas acham que sabem tudo de política, mas não de física?[191]

---

[191] Why people know all about politics, but not about physics. https://medium.com/eleitor-consciente-elei%C3%A7%C3%B5es-2022/why-people-know-all-about-politics-but-not-about-physics-1a24b0a14b87

Usando a teoria de Daniel Kahneman para entender o bolsonarismo: sistema 1 vs. sistema 2

Nessa seção, vamos relacionar o capítulo *"Answering an Easier Question"* do livro do Daniel Kahneman *"Thinking, Fast and Slow"* às nossas discussões.

Esse capítulo fala sobre a questão das perguntas heurística: uma forma que escapamos da responder questões sendo perguntadas. O bolsonarismo é mestre nisso: o estilo ninja. Sempre que surge uma questão importante, eles tiram o fogo com discussões paralelas.

Usando uma lista providenciada por Daniel Kahneman no livro dele, no final do capítulo em questão.

Lembrando que o sistema 1 é rápido, o sistema 2 é preguiçoso, lento. O sistema 1 tem respostas para tudo na ponta da língua, o sistema 2 pondera mais, é mais cauteloso. Se o sistema 2 estiver atrofiado, ele pode infelizmente reformar o sistema 1: isso seria o que falamos no capítulo sobre argumentação cebola, seria como exemplo racionalização, dissonância cognitiva em geral.

O sistema 1 faz o seguinte.

- Gera impressões, sentimentos e inclinações; quando endossados pelo Sistema 2, esses se tornam crenças, atitudes e intenções.

Ou seja, quando um bolsonarista diz "bandido bom é bandido morto", isso vem de uma crença de que a violência resolve problemas. Quando uma pessoa é contra o aborto, a ponto de prender jovens de 13 anos, isso vem de uma crença de que a vida é valiosa, sem considerar nuanças como contexto, "visão de túnel", como chamamos nas ciências. Quando um bolsonarista diz "direitos humanos é para bandidos", é uma crença de que pessoas não merecem ser tratadas com dignidade quando cometem crimes. Vamos lembrar que a religião condena pessoas a passarem uma eternidade no inferno por serem LGBTQI+. A função da prisão teoricamente seria para a pessoa pagar a dívida com a sociedade.

- Opera automaticamente e rapidamente, com pouco ou nenhum esforço, e sem senso de controle voluntário.

Ou seja, a valorização dos comportamentos do Bolsonaro: uma pessoa claramente sem autocontrole. A valorização da violência, da agressão verbal e física.

- Pode ser programado pelo Sistema 2 para mobilizar atenção quando um padrão particular é detectado (busca).

No caso do bolsonarismo, são as pautas de costume, quando qualquer assunto relacionado à religião. Isso explicaria porque pessoas que são socialmente normais, e estudadas, se tornam irracionais em assuntos do movimento, pautas de costume. Uma pessoa defender uma jovem de manter um filho de estuprador é algo difícil de entender racionalmente. Uma pessoa sugerir que uma mulher possa ser estuprada, por qualquer motivo que seja, é algo totalmente sem sentido.

- Liga uma sensação de *facilidade cognitiva* a *ilusões de verdade*, sentimentos agradáveis e vigilância reduzida.

As notícias falsas! A facilidade de acreditar nas notícias gera um senso de verdade. As notícias geralmente são propositalmente criadas e espalhadas para gerar essa sensação de *facilidade cognitiva* que gera a *ilusões de verdade*.

- Infere e inventa causas e intenções.

Esse seria o ponto mais fonte nos bolsonaristas: eles criam causas e intenções.

Como exemplo, eles conseguiram acabar com as saidinhas dos presos. Isso seria devido ao aumento da violência nos feriados, quando a saidinha era ativada. Vamos lembrar que nos feriados, temos também "os cidadães de bem" circulando livremente por ser um feriado.

Sem estudos detalhados, não temos como dizer com certeza de que são realmente esses criminosos que aumentam a criminalidade, ou em qual magnitude são eles, e quais, separar "o joio do trigo". Além do mais, o objetivo da saidinha é ajudar os presos a retornarem à sociedade, depois de anos preso.

Na cabeça deles, dos bolsonaristas, todo bandido é eternamente bandido; vamos lembrar que não somos temos metade da bancada do PL sob investigação como inúmeros casos de crimes cometido por parlamentares e "cidadães de bem".

Com a população eles são implacáveis, com os coleguinhas, eles são bem suaves.

- Negligencia ambiguidade e suprime a dúvida.

Sempre simplificam os debates. O debate sobre o aborto das jovens, eles reduziram a um vídeo que circula de um feto de 22 semanas depois de sair da barriga da mãe; existem também inúmeros casos de fetos prematuros bem mais avançados que morrem. Contudo, o ponto aqui é o direito da mulher e proteção da jovem, estuprada.

- Tem tendência a acreditar e confirmar.

Isso é o motor das notícias falsas que eles criam e espalham.

- Exagera a consistência emocional (Efeito Auréola).

O termo "cidadão de bem" seria isso. Quando estamos diante de um cidadão de bem, associamos a eles atributos além do que merecem, como pastores deixados sozinhos com crianças. Os casos de estupros de jovens por pastores pipocam quase diariamente nas mídias.

- Foca em evidências existentes e ignora evidências ausentes (WYSIATI - *What You See Is All There Is*).

Outra base das notícias falsas.

- Gera um conjunto limitado de avaliações básicas.

- Representa conjuntos por normas e protótipos, não integra.

A questão da religião, e militar. Competência se torna ser pastor ou ser militar, a integridade e moral e honestidade se reduz a ser pastor ou militar.

- Calcula mais do que o pretendido (espingarda mental).

- Às vezes substitui uma pergunta mais fácil por uma difícil (heurísticas).

A pergunta de quando começa a vida no aborto é trocada por se deveríamos mantar ou não uma criança. Isso muda o foco da discussão. A pergunta deveria ser se uma jovem deveria carregar o filho de um estuprador. Claro que não!

- É mais sensível a mudanças do que a estados (teoria da perspectiva).

A Teoria da Perspectiva, desenvolvida por Daniel Kahneman e Amos Tversky, é uma abordagem psicológica e econômica que explica como as pessoas tomam decisões sob incerteza. Ela se baseia na distinção entre dois modos de pensamento: o Sistema 1, que é rápido, intuitivo e emocional, e o Sistema 2, que é mais lento, deliberativo e lógico. O Sistema 1 é automático e opera sem esforço consciente, muitas vezes influenciado por experiências passadas e emoções, o que o torna mais sensível a mudanças do que a estados estáveis. Por outro lado, o Sistema 2 requer atenção e esforço consciente, sendo responsável pela análise crítica e pelo raciocínio complexo. Essa dualidade nos ajuda a entender por que podemos reagir de maneira diferente a ganhos e perdas, e como os vieses cognitivos podem afetar nossas escolhas. A teoria sugere que, embora o Sistema 1 possa nos levar a decisões rápidas e eficientes em situações cotidianas, também é suscetível a erros e ilusões. O Sistema 2, embora mais confiável para decisões ponderadas, é menos ágil e mais exigente em termos de recursos cognitivos. Compreender a interação entre esses dois sistemas pode melhorar nossa capacidade de tomar decisões mais informadas e racionais.

- Superestima probabilidades baixas.

Sabe qual a probabilidade do Brasil virar Venezuela? Baixa. Somos países com histórias diferentes. Sabe qual a probabilidade do Lula fechar igrejas? Zero. Não há quaisquer evidências do Lula ameaçando igrejas evangélicas, como ocorreu na África e largamente citado nos debates na corrida presidencial. Na África, os evangélicos são minoria, aqui são maioria, como eles mesmo se gabam constantemente.

- Mostra sensibilidade diminuída à quantidade (psicofísica).

O caso que citei, sobre a checagem de fatos do debate entre Lula e Bolsonaro: 4 mentiras do Lula, contra 14 do Bolsonaro. Bolsonaro mentia diariamente, mas isso era ignorado, mas quando Lula mente/erra, fazem uma guerra nuclear. Como o caso do Lula ter errado o número de crianças em Gaza mortas pela guerra de Israel[192]. Seja

---

[192] Lula erra e diz que 12,3 milhões de crianças morreram em Gaza.(https://www.poder360.com.br/governo/lula-erra-e-diz-que-123-milhoes-de-criancas-morreram-em-gaza)

15.000, seja milhões, são crianças morrendo nessa guerra, pouco importa o número correto. Poderia ser uma criança, e deveríamos lutar contra.

Fonte: (Quinho Cartum, @QuinhoCartum no X) https://x.com/QuinhoCartum/status/1802404169069813975/photo/1

- Responde mais fortemente a perdas do que a ganhos (aversão à perda).

A ideia de liberdade de expressão. Ao perderem a liberdade de agressão, eles ignoram a quantidade de liberdade quem têm.

- Enquadra problemas de decisão de forma estreita, isolados uns dos outros.

Quando eles reduzem problemas complexos à religião, eles ignoram todo o contexto.

___

Os cabeças de vento: estamos ficando mais burros?[193]

Primeiramente, vamos deixar bem claro: não existe um exame oficial de burrice, nem há formas objetivas de julgar a burrice de uma pessoa ou grupo. Burrice não pode ser medida devido à posição política, apesar de que foi encontrado uma correlação entre inteligência e orientação política, ou mesmo opiniões sobre assuntos específicos. Nem mesmo pode ser medida comparando com a inteligência da maioria. O livro *Why Smart People Can Be So Stupid* por Robert Sternberg aborda exatamente isso: como pessoas inteligentes, altamente qualificadas e informadas fazem besteiras!

Inteligência é igual terremoto, todos sabem do estrago que fazem na nossa realidade, mas ninguém até hoje conseguiu achar formas minimamente eficientes de prever onde e quando vai aparecer.

QI não mede burrice, nem mesmo inteligência como um todo. Como comentamos na seção de pensamento dicotômico: as pessoas fazem engenharia reversa: se sei o que é inteligência, automaticamente (erroneamente), sei o que é o oposto (burrice). Não, burrice não é o que você julga como burrice. A história mostra que muitas ações consideradas burras eram na verdade geniais.

---

[193] Ler https://super.abril.com.br/especiais/a-era-da-burrice/

COMPRANDO INFORMAÇÃO

cienciaparanaocientistas.jovempesquisador.com

O que existem são simplificações. Vejo as pessoas chamarem as outras de burras devido à posição política; eu mesmo, se dependesse das pessoas, nunca teria conseguido meu doutorado. Felizmente, doutorado não se consegue por votação, nem tem *impeachment*. Felizmente, as redes socais ainda não contaminaram o doutoramento e similares. Ainda se consegue por meios minimamente objetivos, e não opinativos.

"Discussões inúteis, intermináveis, agressivas. Gente defendendo as maiores asneiras, e se orgulhando disso. Pessoas perseguindo e ameaçando as outras. Um tsunami infinito de informações falsas."[194]

---

[194] Leia mais em: https://super.abril.com.br/especiais/a-era-da-burrice/

> *"aparentemente, a inteligência humana começou a cair."* [195]

Os estudos usam QI para fazer a análise, e chegar às conclusões: sabemos dos problemas do QI; nem mesmo quando foi criado era um bom previsor de sucesso; nem deve ser confundido com inteligência, como destaca Alberto Dell'Isola[196]. Eu prefiro pensar que apesar de a internet possa ter nos emburrecido, seria prematura dizer que estamos ficando burros; talvez estamos embriagados, algo reversível. Talvez a inteligência humana evoluiu, e o QI não consegue mais pegar isso. Já houve melhorias no QI, devido exatamente às suas limitações. Não podemos esquecer que o QI é uma medida estatísticas: precisa de uma população, para criar as distribuições estatísticas usadas[197].

Como destaca Kahneman, não sabemos em geral por que as pessoas se afastam da razão, assumindo que possamos ser racionais e objetivos. Até então, até suas pesquisas, acreditava-se que eram motivos emocionais, ele adicionou a tendências cognitivas. Ainda temos muito para aprender em como usar nosso cérebro da melhor forma. Independentemente da formas, boa vontade em aprender e melhor é essencial!

---

[195] Leia mais em: https://super.abril.com.br/especiais/a-era-da-burrice/
[196] https://www.youtube.com/watch?v=nZJ7ns5Duzw&t=639s
[197] O Q.I. DO BRASIL É BAIXO MESMO? QUAL A MÉDIA DELE? EXPLICAÇÃO CIENTÍFICA. https://www.youtube.com/watch?v=nZJ7ns5Duzw

Colocando Deus contra a Parede

> "Eu prefiro ter perguntas que não podem ser respondidas do que respostas que não podem ser questionadas." Richard P. Feynman

Importante: voltamos no vol. II nesse assunto.

Nesse livro, mencionei que a lógica religiosa é circular. Isso significa que as definições e conceitos giram em torno de si, ou em torno de cláusulas pétreas, como a perfeição de Deus, Deus não pratica o mal.
Como exemplo, apesar de religiosos definirem o mal, a bíblia não define o mal, somente que Deus não faz mal. Isso faz com que qualquer questionamento termine quando esbarramos nessas cláusulas, que não podem ser questionadas abertamente sem cairmos em contradições e argumentos circulares, como a sabedoria de Deus. Na minha visão, essa forma de argumentação foi proposital. Essa forma de pensar trava questionamentos, que podem levar as pessoas a questionarem qualquer coisa, ou mesmo, acharem a verdade.

Ao pensar muito sobre o assunto, não consigo parar de chegar à mesma conclusão: a Bíblia foi escrita em sequência temporal, onde as passagens foram colocadas para tornar o cristianismo uma arapuca, um pau de sebo. Isso explica porque as partes se contradizem com frequência e muitas tem problemas até mesmo temporal. Para um figura onisciente, fez um péssimos trabalho.

Efeito pau de sebo da Bíblia:
o sujeito começa a duvidar, então
Tiago 1:2-4, Pedro 1:6-7, Gênesis 22:1-2

Deus está testando sua fé

A menção de Jesus antes de seu nascimento em Belém apresenta um intrigante desafio temporal que tem sido objeto de debate teológico por séculos. As profecias do Antigo Testamento, como as encontradas em Miquéias 5:2 e Isaías 53, preveem a vinda de um Messias, enquanto passagens do Novo Testamento, como João 1:1-3, afirmam a preexistência de Jesus como o Verbo eterno. Essa aparente contradição temporal é reconciliada pela doutrina da Trindade, que sustenta que Jesus, sendo divino, transcende o tempo humano. No entanto, para muitos, a ideia de um ser mencionado e até mesmo aparecendo antes de seu nascimento físico desafia a compreensão linear do tempo, levantando questões sobre a natureza da eternidade e a interpretação das escrituras. Essas tensões entre a narrativa bíblica e a lógica temporal continuam a ser um campo fértil para a reflexão teológica e filosófica.

Não podemos deixar de mencionar: os judeus não aceitam que Jesus veio, eles ainda esperam a vinda de Jesus. Claro que cristãos acham todas a formas para racionalizar e confundir. A maior prova de que isso é confuso: somente no Brasil, são mais de 1.000 variações diferentes das igrejas evangélicas.

O islamismo veio do velho testamento, ver livro de Christopher Hitchens "Deus não é grande". O Livro aponta que o alcorão tem passagens copiadas do velho testamento. Até mesmo a ideia da religião islâmica parece ter vindo do judaísmo, que ramificou em cristianismo e islamismo.

> "Sabemos que o Alcorão é composto em parte por livros e histórias anteriores, e, no caso de Smith, é da mesma forma uma tarefa simples, embora tediosa, descobrir que vinte e cinco mil palavras do Livro de Mórmon são retiradas diretamente do Antigo Testamento. Essas palavras podem ser encontradas principalmente nos capítulos de Isaías disponíveis em View of the Hebrews: The Ten Tribes of Israel in America, de Ethan Smith." Christopher Hitchens "Deus não é grande"

Nesse capítulo, vamos colocar em prática nossa discussão. Essa discussão foi inspirada por uma discussão no X, que pode acessar no seguinte link.

Basicamente, gostaria de replicar a discussão, mas trazer para nosso contexto.

Gostaria de começar com um dos conceitos mais fortes na religião: punição. Na religião, a punição é central. Alguns até argumentam que nosso sistema jurídico funciona segundo a lógica religiosa, a punição em vez da restauração, da reabilitação.

Foram grupos religiosos que impediram a "saidinha"[198]. A saidinha era um mecanismo para presos que não cometeram crimes violentos se inserirem na sociedade, já no final da pena.

No último movimento bolsonarista, na av. Paulista, ficou evidente seu caráter religioso. Parecia uma igreja evangélica a céu aberto; em um estado laico. Ou seja, a irracionalidade bolsonarista pode ser explicada pela forma dos religiosos de pensarem, em especial, dos pentecostais e neopentecostais.

Existe uma confusão entre estado laico e pessoa laica. Isso vem de uma confusão entre público e privado. É fato que as pessoas não são laicas em geral. Mesmo quem é laico, isso não significa neutro. Por isso, quando um agente público, um político, toma decisões por todos, eles precisam respeitar regras. Conceitos como prevaricação, abuso de poder, e mais, são termos que são usados quando uma pessoa abusa do poder público para fins privadas, isso é corrupção. Mesmo nas igrejas existe um conceito chamado de *abuso de poder religioso*[199].

O abuso de poder religioso ocorre quando líderes ou instituições religiosas utilizam sua influência para manipular ou coagir eleitores, comprometendo a integridade do processo eleitoral. Isso foi feito no bolsonarismo[200].

---

[198]Lula busca apoio de governadores e religiosos que atuam em presídios para manter veto a PL da 'saidinha'.
http://glo.bo/3z7OsVv
[199]https://bit.ly/4eaLhwd
[200]Eleições 2022: pastores fazem pressão por voto e ameaçam fiéis com punição divina e medidas disciplinares.

No Brasil, a legislação eleitoral impõe limites rigorosos para evitar tais abusos, como a proibição de doações de entidades religiosas para campanhas e a vedação de propaganda eleitoral em templos. O que na prática nunca gera punições devido ao uso dúbio da liberdade religioso, usada como escudo para líderes religiosos cometerem crimes.

No entanto, a participação de religiosos na política não é proibida, desde que não haja uso indevido da estrutura religiosa para fins eleitorais. A justiça eleitoral brasileira não tem se mostrado atenta a essas práticas, deveriam buscar equilibrar a liberdade religiosa com a lisura das eleições. O lobby dos evangélicos torna punição a exceção. O bolsonarismo nunca teria existido se a justiça fizesse seu trabalho.

Vamos começar questionando a ideia de que precisamos ser punidos.

---

https://www.bbc.com/portuguese/brasil-63209750

> **Denana**
> @Denuuun
>
> Is it the freedom itself that leads to mistakes? Those sins occurred because we disobeyed God and failed to heed His guidance.
>
> 7:28 PM · May 10, 2024 · **8** Views

A pessoa está dizendo que "seria a liberdade em si que gera o erro?" Não, como respondi.

O que gera o erro são as sinas, que são as imperfeições humanas. Ninguém erra porque é perfeito. Todo erro humano vem de impulsos, de exageros. Sexo fora do casamento não é algo que a pessoa planeja, estou me referindo aos religiosos que tentam se reservar para o casamento. O sexo fora do casamento vem de desejos. A religião, curiosamente, tenta controlar os maiores impulsos humanos, como sexo, gula, e mais.

A grande pergunta é: *por que Deus se importa tanto com nossas ações aqui na terra?*

Existem alguns cenários, que consigo pensar. Ele se importa somente por diversão. Deus é sarcástico, uma criatura que tira prazer em ver humanos errando, e depois punem quando comentem erros, erros que vem das imperfeições que ele mesmo criou. Ele senta nas nuvens e ri enquanto nós mortais nos matamos para vencer nossos impulsos, que vão nos levar para o inferno. Lutamos, nos punimos, sentimos culpa. Cometemos erros, e nos arrependemos. Vamos para o inferno, e queimar por toda a eternidade.

Com exceção de nos mutilamos de culpa, para então de joelhos sangrando, pedimos desculpas a Deus, que nada munda sua existência, nossos erros, uma vez que ele é todo poderoso. Mesmo nosso erros não tendo nenhum

efeito na sua existência, ele espera nossa humilhação, submissão.
Como todo o seu poder, ele poderia fazer os erros desaparecem, ou mesmo, qualquer caminho seria correto. Mas não, ele escolheu um único caminho. Nos deu a liberdade, mas é somente um teste. Mesmo nossas ações não tendo qualquer efeito nele, ele nos pune caso sairmos das expectativas. Vamos queimar no fogo do inferno pela eternidade.

Tem uma série na *Amazon* que traz isso de forma bem-humorada.

Hazbin Hotel conta história da filha de Lúcifer que decide salvar as pessoas que estão no inferno. Então ela tenta. Depois de muito esforço, e interferência do pai, ela consegue um encontro com os encarregados de Deus. Um deles é Adão, o mesmo que rejeitou a ela um encontro com Deus. Ela questiona porque essas pessoas não merecem uma segunda chance, e porque essas pessoas são mortas constantemente. Ela fala do projeto, que é um hotel para que as pessoas possam se redimir dos pecados e ir para o paraíso. Na série, os anjos fazem uma limpeza constante no inferno. Ninguém sabe porque, ninguém questiona, os anjos simplesmente dessem para o inferno e descem o cacete em todos. Eles simplesmente matam, e odeiam as pessoas do inferno, sem qualquer motivo claro. Mesmo a filha de Lúcifer mostrando que uma das pessoas no inferno, um homossexual que fazia filmes pornô, mostrara traços de bondade, ainda assim a pessoa é condenada. Mesmo com o julgamento, ela não conseguiu parar a matança no inferno. A série descreve bem as pessoas religiosas.
Por que ninguém questiona a morte em Gaza?

Evangélicos ainda levantam a bandeira de Israel em público, como se Israel fosse um paraíso. O mesmo Israel já matou +30.000 palestinos, quase metade são mulheres e crianças. Bombardeou hospitais, cortou água. Bombardeiam ajudas humanitárias para não chegar a Gaza.

Estava falando com uma pessoa católica, uma senhora: ela parece achar normal que Israel derrube um hospital cheio de doentes porque acham, sem a certeza, de que existe um túnel do Hamas embaixo do hospital. Mesmo que tivesse, isso não dá a eles o direito de matar pessoas inocentes.

Vamos olhar de outra angulação. Por que Deus criou humanos imperfeitos? Por que ele não simplesmente conserta o erro e coloca um fim no sofrimento humano? Ou mesmo, acaba com os caminhos que levam ao inferno? Simplesmente, torne todos os caminhos corretas. Afinal, ele é todo poderoso, isso não seria trabalho para ele. Nossas ações não afetam ele. A não ser que afeta, e sua arrogância não permite ele mostrar fraqueza. Admitir que ele precisa de nós, a forma como agimos afeta a sua existência.

← Post

Jorge Guerra Pires, PhD
@JorgeGPires

Free will not the flaw, but what makes us make mistakes. No one makes mistake for being perfect. Our sins are our own flaws, which we are punished for them.

7:25 PM · May 10, 2024 · **4** Views

Agora é sua vez! Converse com um religioso e ache os limites da razão deles!
E como a ciência é melhor?

Considere a seguinte definição.
O que é um adulto?
Um adulto é uma criança que cresceu, certo?
E uma criança? Um adulto por crescer!
Note a argumentação circular?! Nunca definimos a entidade tanto da criança quanto do adulto. Um define o outro. Para muitos isso seria o suficiente.

Considere que ambos são seres vivos. Isso torna a definição não circular. Mas resta definir ser vivo. Assim vai a ciência. Sim, a ciência não se importa em explicar tudo. Sabemos que o universo se expande, teoria do *Big Bang*, mas não sabemos porque, nem mesmo quando começou.

A teoria do *Big Bang* é uma teoria que foi criada usando o pensamento dedutivo: a teoria da relatividade de Einstein previa que o universo deveria se expandir. Hoje, temos formas mais empírica para confirmar a teoria. No pensamento dedutivo, juntamos verdades teóricas, e chegamos a novas verdades. A teoria da relatividade é uma teoria, algo abstrato. Da teoria da relatividade, se chega à teoria do *Big Bang*.

Claro, a bíblia simplesmente diz que foi Deus, criou o mundo em sete dias, e tudo surgiu em um ponto específico, que eles definiram. A grande pergunta é por que Deus pode surgir do nada, mas a mesma regra não se aplica à teoria do *Bing Bang*, que não diz de onde vem a energia, nem diz quando o universo começou. Deus pode ser uma entidade misteriosa, mas não nem a teoria do *Big Bang*, nem a teoria de Darwin (na religião, a versão deles se chama <u>criacionismo</u>).

Existe uma estória de uma senhora que foi a um evento científico. Quando um palestrante perguntou como que o mundo fica "de pé", a senhora disse: tartarugas. E quem segura as tartarugas? Outras tartarugas. Isso vai infinitamente.

Figura 5: Fonte: Wikipédia (World Turtle)

No caso do *Big Bang*, não sabemos de onde vem a energia do *Big Bang*, nem sabemos porque ocorreu. No caso de Deus, ele surgiu do nada. Muitos religiosos se incomodam com o *Big Bang*, mesmo Deus sendo essa figura que surge do nada, sem qualquer explicação da origem dele.

Um religioso me perguntou, assustado: você acredita no *Big Bang*? Havia dito que não acredito em Deus.

Ciência não se acredita, ciência usa evidências. Ciência se questiona, ciência se expande. Não existe cresça na ciência, tudo é questionável. Eu não acredito que pedras caem, eu vi inúmeras vezes. Se alguém aponta uma arma na minha direção, evidências mostram que pode me acertar, e eu posso morrer.

Quando Newton propôs a teoria da gravidade, ele não tinha nenhuma ideia do que seria a gravidade. Era uma força misteriosa que unia os planetas, e que também fazia coisas caírem na terra. Ele achou uma fórmula, mas não tinha nenhuma ideia da natureza da gravidade. Décadas depois, Einstein chamou ela de curvatura do espaço tempo, e explicou usando a teoria da relatividade. Ciência evolui, através da ignorância. Não temos problemas em viver com lacunas, sem o Deus das Lacunas. O Deus das Lacunas é um dos inúmeros truques que religiosos criaram para viver ao lado da ciência. Outro seria a tentativa de dizer que Darwin está correto, mas quem guia a evolução é Deus. Para Darwin, ninguém guia a evolução.

Como mentir com estatística

Existe um livro com esse título, apesar disso, o livro ensina como não ser enganado por pessoas usando estatística. É possível usar gráficos e termos estatísticos para maquiar afirmações sem conexão com a realidade. A maior parte das pessoas não sabem nada de estatística, e não conseguem consequentemente separarem um abuso da estatística de um argumento válido. E eles sabem disso. Bolsonarismo nunca foi um movimento muito inteligente, menos ainda para checar fontes.

Um exemplo fácil de citar, e vamos falar mais disso, seria a média. Quem estuda estatística sabe que a média é valiosa, mas é uma medida traiçoeira. A média é sensível a extremos, tanto para baixo quanto para cima.

> **Sugestão de vídeo.** *Do you know how to lie with statistics?*

Estatística, apesar da importância do uso, pode ser usad para enganar as pessoas, sem treinamentos em geral. Eu vejo continuamente online as pessoas soltarem gráficos, e pularem para interpretações. Geralmente, consideram gráficos insolados e sem contexto. Vamos falar disso usando o ministro Haddad, que brilhantemente, não permitiu que a estatística fosse usada para mentiras.

Resumindo a história. O ministro foi convocado para falar na câmara dos deputados. Como de costume, bolsonaristas tentam boicotar as discussões. Usando um termo de um especialista em comunicação: usam "palavras de alta velocidade". Eu sempre consigo adivinhar que é bolsonarista antes de mostrarem a legenda na tela; fiz isso como um exercício engraçado. Eles começam qualquer discussão com acusações e xingamentos. Depois, enchem de gráficos fora de contextos. Isso quando não apelam para as *fake news*.

Nesse caso, ele mostrou o gráfico abaixo. O gráfico mostra os gastos dos governos em diferentes mandatos. Lula ganha de todos.

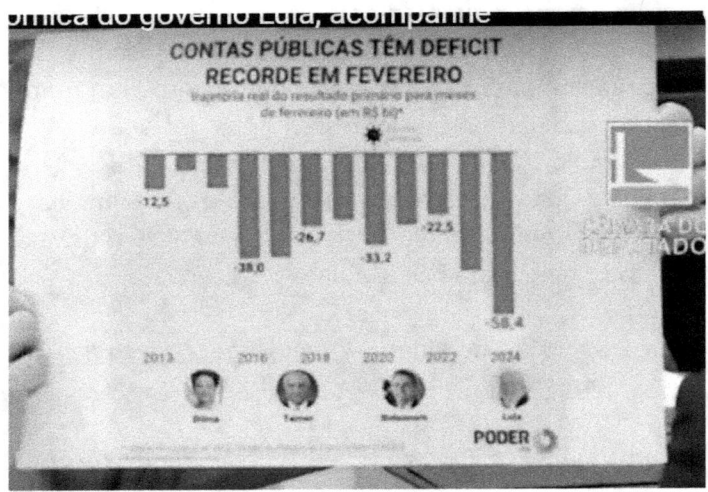

Figura 6: Fonte: https://www.youtube.com/live/Gib5WiJYSNU?si=XdH41Kx9HwWVgAtN&t=6635

Primeiro, o ministro já havia explicado antes. Segundo, esse gráfico é largamente espalhado na internet. Como o próprio ministro disse, o gráfico é verdadeiro. Lembra que falamos de meias verdades? Ver: Como os políticos usam a ciência para o próprio benefício: como Bolsonaro QUASE me convenceu. Sugiro ver a discussão por inteiro, como exercício[201]. São tantas besteiras que fica até difícil de começar.

O desprezo com fatos desse pessoal somente encontra empate com a falta de interesse dos seguidores em pensarem. Como o próprio ministro disse brilhantemente: apesar de que nas redes você vai ganhar a discussão, você perdeu essa discussão. Realmente, perdeu. Começou perdendo porque o ministro já havia explicado o gráfico mesmo, talvez, preparado uma vez que é um gráfico largamente circulado nas redes sociais. Claro, para pessoas minimamente racionais.

O primeiro problema é que grande parte dos gastos que levaram ao número negativo vem dos calotes do governo Bolsonaro, isso já era conhecido para quem se dá o trabalho de pesquisar. O governo teve de pagar não somente um calote dos governo Bolsonaro, como deixou de receber dinheiro que os estados pediram devido a outro calote que eles deram. Como o ministro disse: esse filho é seus, faça um teste de DNA e vai ver a paternidade. Realmente, esse filho é deles.

---

[201]https://www.youtube.com/watch?v=ElF5q_xzaks

Figura 7: ministro Haddah destacou que a inflação foi artificialmente controlada. Isso já era conhecido por pessoas que buscam pensar. Perto das eleições, foram criados artifícios para baixa os preços da gasolina, que afeta diretamente a inflação, entre outros truques.

Como mentir com estatística: Lula, o gastão

O Brasil ainda é um dos países mais desiguais do mundo. Lembro na faculdade que li um livro que falava disso. O livro apresentava os desafios do Brasil na era dos gigantes[202]: a desigualmente, disparidade social, como o livro coloca, era o maior deles. Não me parece que avançamos.

Desde que foi lançado os programas do governo, como fome zero, do Lula, do PT, muitas pessoas saíram da linha da pobreza.

Sim, o Lula é gastão, porque gasta com o pobres. Sim, existe corrupção, contudo, vamos lembrar que a corrupção no Brasil é sistêmica. Sim, seria interessante que o estado fosse mais eficiente e menos gastão. Contudo, isso é um problema sistêmico. Isso significa que você, sim, você leitor, precisa pensar além do Lula gastão e Ladrão e lembrar que todos os políticos que escolhe são responsáveis pelos gastos. Recentemente, o senado aprovou mais aumento para o magistério, que chega a ganhar quase 100.000 por mês, em um país onde pessoas vivem com menos de um salário mínimo. O ministro Haddad tentou cortar gastos, mais não conseguiu, precisava de aprovação do congresso, que você ajudou a escolher.

Vamos ao assunto do capítulo. Considere o gráfico abaixo, que como previa, já está nas redes gerando

---

[202] Desafios Brasileiros Na Era Dos Gigantes por Samuel Pinheiro Guimaraes

desinformação.

Esse mesmo gráfico foi mostrado por parlamentares bolsonaristas ao ministro Haddad quando ele foi convocado à câmara dos deputados[203].

O primeiro problema com essa apresentação é que a pessoa omite completamente o último gráfico que corrige com a inflação.

---

[203] https://youtu.be/ElF5q_xzaks?si=dcUE93_VEmJy9ssr&t=260

A inflação durante o governo Bolsonaro disparou, e sofreu acúmulos de quase 30%[204]. Isso significa que se conseguisse comprar um produto por 100 reais quando Bolsonaro tomou posse, esse produto agora custará em torno de 130 reais, sem contar aumentos que muito provavelmente serão feitos nas cadeias até o produto chegar a prateleiras. Ou seja, o aumenta será muito provavelmente acima de 200 reais.

Sim, o Lula viajou muito. Isso faz parte de um plano do governo, que é uma estratégia válida, de reposicionar o

---

[204] Inflação sob Bolsonaro é de quase 27%, maior desde Dilma 1. https://www1.folha.uol.com.br/mercado/2023/01/inflacao-sob-bolsonaro-e-de-quase-27-maior-desde-dilma-1.shtml

Brasil. Bolsonaro nunca escondeu que queria que o Brasil fosse um pária: país que ninguém dá a mínima, que toma decisões sem considerar os outros. O Brasil é historicamente diplomático.

Tem um dragão na minha garagem. Gostaria de ver?[205]

Suponha que eu diga para você que tem um dragão na minha garagem. Então, você diz: mostre-me. Quando abro a garagem, não tem nada. Então eu digo, ele é invisível. Então você joga pó no chão, para quando ele pisar, você veja as suas pegadas. Então eu digo, ele voa. Então você usa um sistema de infravermelho para ver o calor emitido do dragão. Então eu digo: ele é sangue frio e cospe fogo frio. Consegue notar? Podemos ir infinitamente com esse

---
[205]The Dragon in My Garage.
https://rationalwiki.org/wiki/The_Dragon_in_My_Garage

vai e vem, e nunca você vai conseguir provar nada do meu dragão. Terás de simplesmente aceitar que eu tenho um dragão na minha garagem, ou negar.

Como podemos provar a existência de Deus?

Não tem como, nem negar. Por isso sou apateísta, não sou ateu. O ateu nega a existência de Deus. Baseado em quê? Nada! O mesmo sentimento dos religiosos, mas oposto. Claro, se falar isso com um ateu, ele vai ficar irritado, como fica um religioso ao negar o Deus deles, como mais poderoso, como existente com certeza.

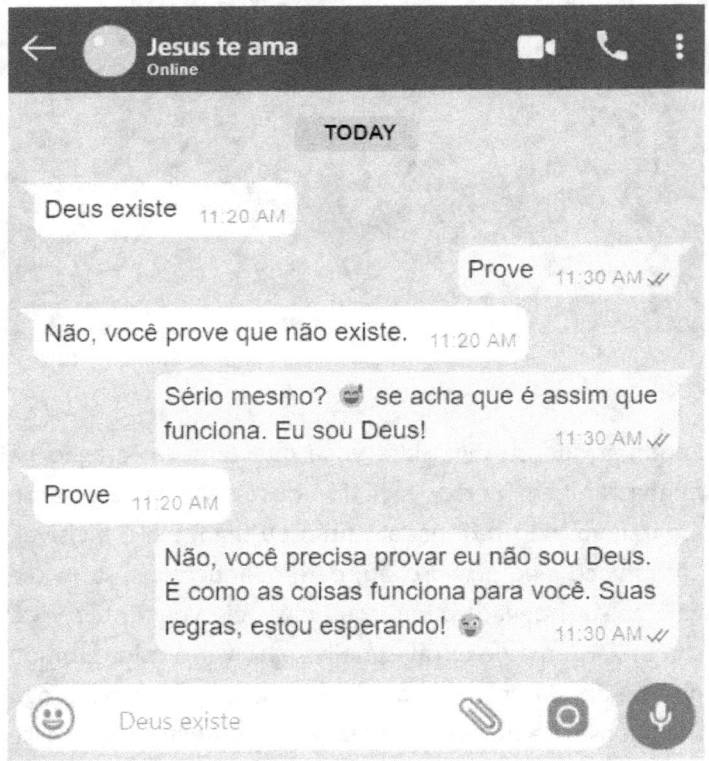

Profecias, que seria o dragão na garagem, não tem como ser negadas. As profecias foram feitas para que acreditemos, e passemos a vida toda esperando ela ocorrer, sem qualquer forma de dizer: ela nunca vai ocorrer.

Um religioso não tem como dizer se Deus/Jesus for a sua casa, de uma pessoa dizendo ser Jesus. Ou mesmo, se ele for silenciosamente, somente para testar a bondade da pessoa. Eu posso ser Deus, escrevendo esse livro, ou te mandado mensagens no Zap, e você nunca vai saber. Foram +2000 anos desde que Deus supostamente apareceu através de Jesus, e deixou um livro por seus discípulos, que supostamente é a vontade de Deus. Nesse período, pessoas vêm se decolando para decidir quem entendeu corretamente a palavra do senhor. O evangelho se baseia na livre interpretação da bíblia, isso significa que o número de igrejas evangélicas é infinito. Existem versões do evangelho que somente existe no Brasil. Nesse vai e vem, de quem entendeu corretamente a palavra do Senhor, os humanos podem ter pedido completamente a imagem de Deus, se é que ele existe. Ele pode vir entre nós, e será apedrejado e chamado de comunista, por não compartilhar a mesma visão dos religiosos, dele mesmo.

A ideia de que cada indivíduo pode interpretar a Bíblia livremente tem raízes na Reforma Protestante, especialmente associada a Martinho Lutero; origem do evangelho. Ele defendia que o Espírito Santo iluminava cada pessoa ao ler a Bíblia, permitindo que todos entendessem a mensagem com clareza divina. No entanto, essa abordagem levou ao surgimento de inúmeras denominações e seitas, cada uma afirmando possuir a verdade. A livre interpretação da Bíblia resultou em divisões e contradições. A própria Bíblia adverte contra a interpretação arbitrária: 2 Pedro 3:15-16 destaca que algumas passagens são difíceis de entender e podem ser distorcidas pelos ignorantes. Hoje temos os pastores virtuais: são pastores sem igreja física, que exploram o ódio online para espalhar versões extremistas do evangelho. O bolsonarismo usou fortemente desses pastores do ódio.

Quando falei isso para um religioso online, ele disse: você não é Deus! Mas como? Baseado em nada, somente a visão dele de Deus, que pode estar totalmente equivocada. Foram mais de 2000 anos desde que Jesus pisou a terra, de lá para cá, a humanidade pode ter se pedido completamente. As pessoas podem ter formado uma visão de Deus/Jesus completamente diferente da real.

Jesus está voltando a mais de 2000 anos. Pessoas escrevem e espalham nos postes: ele está voltando...mas ninguém sabe quando. Ele nos abandonou há 2000 anos, e nunca disse quando vai voltar.

Israel vai matar, se assim for necessário, metade da humanidade para suas profecias se concretizarem, seu messias, que não é Jesus, voltar.

Existia uma piada dos bolsonaristas: somente mais 72 horas. Eles ficavam esperando. Quando o exército deixou a bandeira do Brasil em meio mastro em respeito ao Pelé, pela morte do grande jogador[206], eles anunciaram um golpe em início. Quando as forças armadas fizeram um acampamento para ajudar os pobres, eles anunciaram o início do golpe de estado. Somente mais 72 horas.

---

[206]Bolsonaristas comemoram bandeira a meio-mastro em luto por Pelé. https://www.youtube.com/watch?v=tJtaV8kV8w8

Once again, the only sensible approach is tentatively to reject the dragon hypothesis, to be open to future data, and to wonder what the cause might be that so many apparently sane and sober people share the same strange delusion.

O paradoxo do golfinho bonzinho

Eu mencionei em mais de um ponto deste livro sobre o paradoxo do golfinho bonzinho. Esse paradoxo não é um paradoxo científico, e menos ainda foi criado por mim. Eu li em algum lugar, e não me recordo a origem[207]. Contudo, esse paradoxo é interessante para discutir como as pessoas chegam a conclusões.

Uma pessoa presencia uma golfinho salvando um humano de se afogar. Então, a pessoa espalha que golfinhos

---

[207] The Problem of the Benevolent Dolphin. No livro, que fala de dissonância cognitiva: Mistakes Were Made (But Not by Me) Book by Carol Tavris and Elliot Aronson

salvam humanos. Isso cria toda uma história em torno dos golfinhos.

O problema com essa forma de pensar é que mesmo que um golfinho salve uma pessoa, isso não implica que eles tenham consciência de que humanos não respiram debaixo da água, menos ainda que eles tenham qualquer consciência de que devem salvar humanos. Essa forma de pensar ignora totalmente os golfinhos que simplesmente ignoraram os humanos morrendo afogados, ou mesmo os que afogaram as pessoas. Novamente, sem qualquer consciência disso.

Nos atribuímos, de forma automática, significado a tudo. Vemos um cachorro olhando para a praia, e pensamos: olha o cachorro pensativo. Vamos um cachorro com aquele olhinho e pensamos: hoje ele está triste. Talvez novas pesquisas mostrem o contrário, mas cachorros não sentem como nós humanos sentimos.

Estamos o tempo todo associando explicações para eventos sem qualquer explicação.

Pessoas associam a Deus coisas que não são dele, caso ele exista. Teve uma pesquisa, que infelizmente não consegui achar mais[208], que mostrou que brasileiros, ao serem questionados porque a economia melhorou, eles colocaram Deus em primeiro lugar, e políticos, salve erro meu, em quarto lugar. Isso é totalmente bizarro. Se perguntar as pessoas, elas vão dizer que sim, políticos podem afundar o país, mas não podem melhor. Aceitando

---

[208] Achei! Nove entre dez brasileiros atribuem sucesso econômico a Deus.
https://www.noticiasaominuto.com.br/economia/323811/nove-entre-dez-brasileiros-atribuemsucesso-economico-a-deus

o não, são os políticos que melhoraram o Brasil. Entre acertos e erros, entre escândalos de corrupção, tivemos políticos que melhoraram o país. A estabilidade monetária, que nos tirou do inferno que vive a Argentina, foi feito por políticos, você querendo aceitar ou não.

Isso se repete no caso de sucesso e fracasso. Damos muito valor ao sucesso como nosso, e também muito peso ao fracasso como nosso. Não, temos menos controle do fracasso e sucesso do que queremos admitir.

Sobre Jorge Guerra Pires

Top 0.1% Academia Edu, por várias semanas, 01/07/22. Atualmente Top 0.5% há várias semanas, 05/09/22.

Venho escrevendo e ensinando modelagem de sistemas biológicos para leigos desde o doutorado, onde lancei alguns cursos locais, na Universidade de L'Aquila, onde fiz meu mestrado e doutorado. Desde então, tenho alimentado um canal do YouTube, blogs e outras formas de disseminar conhecimento e discussões, com um forte enfoque online.

Sou literalmente apaixonado por biologia, matemática, programação, e qualquer coisa que faça meu cérebro funcionar!

Possuo um doutorado pela Universidade de L'Aquila/Itália, reconhecido no Brasil pela Universidade de São Paulo (USP) em bioinformática. Fiz 2 pós-doutorados, um pela Universidade Federal da Bahia (UFBA) e outro pela Fundação Oswaldo Cruz (Fiocruz). Também fiz um mestrado duplo pela Universidade de L'Aquila e Técnica de Gdansk/Polônia; minha graduação é pela Universidade Federal de Ouro Preto em Engenharia de Produção.

Mais do autor na Amazon:
amazon.com/author/jorgeguerrapiresphd

www.ingramcontent.com/pod-product-compliance
Lightning Source LLC
Chambersburg PA
CBHW052137220526
45471CB00004B/1419